“十一五”科技支撑计划：建筑结构高效施工关键技术研究
(2006BAJ01B04)

建筑结构施工预变形控制技术与应用

毛志兵等 编著

中国建筑工业出版社

图书在版编目（CIP）数据

建筑结构施工预变形控制技术与应用/毛志兵等编著.
北京：中国建筑工业出版社，2011.4
ISBN 978-7-112-13006-1

Ⅰ.①建… Ⅱ.①毛… Ⅲ.①建筑工程-工程施工-变形-控制 Ⅳ.①TU74

中国版本图书馆 CIP 数据核字（2011）第 041344 号

作者针对具体结构的各种预变形问题编写本书，希望能为广大工程技术人员和研究人员提供一本结构施工预变形控制方面的参考书。

本书第 1 章对大悬臂、大跨度桁架结构、预应力钢结构、超高层结构的结构特点、发展简况、研究现状进行了系统的介绍。第 2 章给出了结构预变形的定义及相关预变形分析方法和理论，针对各种结构的预变形特点，给出了相关结构的预变形规律及具体的预变形分析控制方法。第 3 章以实际工程为背景，详细地介绍了大连体育馆弦支穹顶结构、黄河口物理模型试验厅工程、CCTV 主楼钢结构、巨人科技产业园、广州珠江新城西塔、深圳京基金融中心等各种不同结构预变形分析方法的应用及相关控制措施。

本书适合于结构专业的设计和施工人员使用。

* * *

责任编辑：岳建光 张 磊
责任设计：赵明霞
责任校对：刘 钰 马 赛

建筑结构施工预变形控制技术与应用
毛志兵等 编著
*
中国建筑工业出版社出版、发行（北京西郊百万庄）
各地新华书店、建筑书店经销
北京红光制版公司制版
北京建筑工业印刷厂印刷
*
开本：787×1092 毫米 1/16 印张：10½ 字数：221 千字
2011 年 5 月第一版 2011 年 5 月第一次印刷
定价：**30.00** 元
ISBN 978-7-112-13006-1
（20444）

主要编著人员

毛志兵　宋中南　张　琨　范　峰　黄　刚

于震平　王冬雁　余　流　支旭东　戴立先

刘军进　杜彭泉　张云富

前言

近年来，象征国民实力的大型复杂结构在我国得到了迅速发展，人们对建筑形式的要求越来越高，涌现出大批超高、超大跨度、外形复杂的结构形式。这些结构往往对变形较为敏感，尤其在施工过程中，其变形问题更加复杂，如超高层结构施工中的变形累积问题、预应力结构施工中的找形问题等等。针对这些问题，尽管工程人员在施工过程中采取了一些措施加以控制，但是这些措施多停留在经验层面，未形成系统的理论体系，延续性较差。迄今为止，还没有一本专门的、较为系统的介绍结构施工预变形控制技术的书籍。为此，作者结合近年来所做的一些代表性工程，针对具体结构的各种预变形问题编写了本书，希望能为广大工程技术人员和研究人员提供一本结构施工预变形控制方面的参考书。

本书第 1 章对大悬臂、大跨度结构、预应力钢结构、超高层混凝土筒体等结构预变形分析的研究背景、结构特点、发展简况、研究现状进行了系统的介绍，让大家对这些变形敏感结构有了一个深入而系统的认识。在此基础上，第 2 章给出了结构预变形的定义及相关预变形分析方法和理论，针对各种结构的预变形特点，给出了相关结构的预变形规律及具体的预变形分析控制方法，包括结构施工全过程模拟技术、预应力结构找形技术、预调值分析方法等，该部分内容注重突出概念，明确逻辑，力求深入浅出，以期读者能够方便快速地掌握各种结构的预变形控制理论及分析技术。最后，第 3 章以实际工程为背景，详细地介绍了大连体育馆弦支穹顶结构、黄河口物理模型试验厅工程、CCTV 主楼钢结构、巨人科技产业园、广州珠江新城西塔、深圳京基金融中心等各种不同结构预变形分析方法的应用及相关控制措施，并在每个工程最后给出了一些针对该类结构预变形方面的有意义的结论，希望能为工程技术人员制定合适的预变形控制方案提供工程依据。

感谢国家十一五科技支撑重点支持项目：现代建筑结构高效施工关键技术研究(2006BAJ01B00) 之课题四：建筑结构高效施工关键技术研究 (2006BAJ01B04)，本书的研究工作是在该课题的资助下完成的。

本书是由中国建筑工程总公司组织编写，哈尔滨工业大学、中国建筑第三工程局、中国建筑第六工程局等单位参与完成。书稿的完成得到了共同参与单位的大力支持，在此感谢为本书做出贡献的广大科研人员与工程技术人员，感谢他们的辛勤努力。

由于水平有限，书中定有不足和欠妥之处，欢迎广大读者提出宝贵意见，以便进一步修改和提高。

目录

1 绪　论

近年来随着时代的发展，象征国民经济实力的建筑业发展迅速，建筑师对建筑形式的要求越来越复杂。在当代复杂高层建筑及大跨结构施工过程中，对施工过程的控制越来越重视，技术人员纷纷加大了施工过程中结构的性能分析。

随着国民经济快速健康发展，计算分析手段的完善，结构材料性能的提高，加工工艺的进步和结构施工技术水平的提升，国内大量的大型公共建筑、造型新颖的高层及超高层建筑、特种建筑等纷纷出现。由于建筑效果上追求新、奇、特，高强高性能混凝土、型钢混凝土、钢、预应力技术等被大量采用，致使现代建筑物的造型突破传统、千变万化、千姿百态。本书根据工程应用，重点介绍了大悬臂结构、预应力钢结构、超高层混凝土筒体结构等施工预变形技术，并在此基础上提出工程建议。

1.1 研 究 背 景

1.1.1 结构规模大

随着建筑造型的新奇和复杂化，结构体系也更加复杂多样，刚性与柔性构件相组合的钢结构、空间预应力结构、悬挂与斜拉结构、多种体系组合形成的复杂结构已得到广泛应用。结构的复杂性表现在结构规模日益庞大，结构功能多，结构体系复杂，整个结构充分体现了高、大、复杂的特点。

(1) 大型复杂公共建筑

2008奥运、2010世博会、2010广州亚运会等的相继召开，使大型公共建筑在我国得到了更进一步的发展和应用，典型的建筑见图1.1.1-1～图1.1.1-6。

(2) 复杂高层建筑

复杂高层建筑主要体现在三个方面：高度超限、结构平面布置不规则、结构竖向布置不规则。复杂高层建筑结构包括：带转换层高层建筑结构设计、巨型结构、连体结构、悬挂结构、带加强层的超高层建筑结构、超大悬挑结构、新型结构体系等。国内一些复杂高层结构见图1.1.1-7～图1.1.1-10。

超高层结构一直是建筑结构发展的热点方向，近年来更是发展迅速，国内外涌现出一大批富有影响力的超高层结构（如图1.1.1-11～图1.1.1-14），据不完全统计，世界上已建、在建及拟建的400m以上超高层建筑已达到40多座左右，结构极限高度不断被刷新，如在建的哈利法塔，结构高度已经达到828m。

图1.1.1-1　2008奥运会国家体育场

图1.1.1-2　国家大剧院

图1.1.1-3　首都机场航站楼

图1.1.1-4　水立方

图1.1.1-5　世博会中国馆

图1.1.1-6　黄龙体育场

图1.1.1-7　CCTV主楼

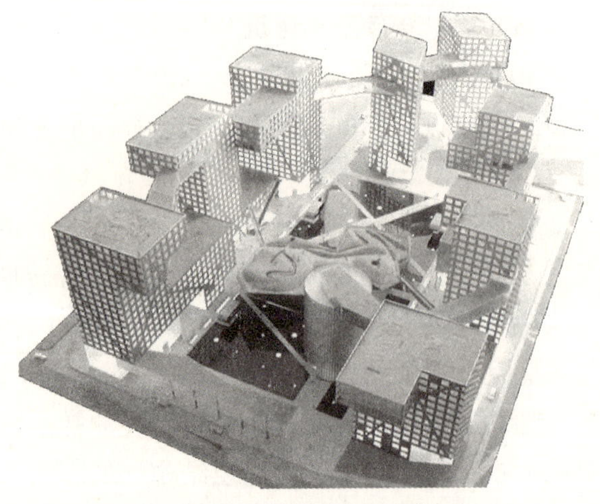

图1.1.1-8　北京当代万国城

图 1.1.1-9 成都来福士广场

图 1.1.1-10 京基大梅沙

图 1.1.1-11 台湾 101 大厦

图 1.1.1-12 迪拜塔

图 1.1.1-13 广州新电视塔

图 1.1.1-14 上海金茂和环球金融中心

(3) 复杂特种结构

建筑结构中除了常规的民用建筑和公共建筑外，还存在着大量的特种结构，如索膜结构、大型筒仓、卵形消化池、储油罐、水塔、冷却塔、高耸塔架、广告设施、摩天轮、游乐设施、过街天桥、皮带通廊等。很多特种结构的受力和施工过程也具有较大的特殊性，一些特种结构参见图 1.1.1-15～图 1.1.1-20。

1.1.2 结构体系复杂

在我国的现代化建设中，建筑业越来越成为对国民经济发展起重大作用的支柱产业。随着我国经济实力的增强，在基础设施建设方面的投入不断加大，且随着时代的发展，建筑师对结构形式的要求越来越复杂，一些代表现代建筑艺术的建筑形式纷纷涌现，若要满足建筑需要，与之对应的结构形式也必将随之复杂，因此大量复杂结构

图 1.1.1-15　北京中关村软件园

图 1.1.1-16　杭州湾大桥海中观光塔

图 1.1.1-17　天津慈海桥摩天轮

图 1.1.1-18　预应力卵形消化池

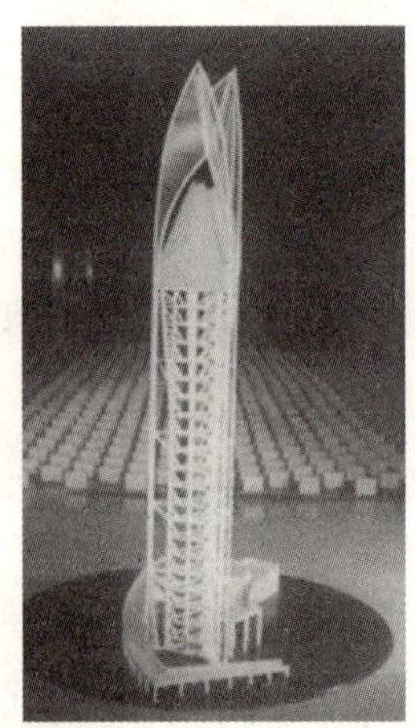

图 1.1.1-19　深圳愿望塔

图 1.1.1-20　中国国家航海博物馆帆体索网结构

形式纷纷被采用，以实现其建筑目标。其中不乏出现**大跨度、大悬挑结构、预应力钢结构、弦支穹顶结构、超高层框架-筒体和筒中筒等结构。**随着不断出现的新奇建筑造型，必然导致结构体系及节点构造的跟随演化，复杂奇异的建筑造型往往同时带来结构体系及节点连接的复杂化。

(1) 构造部位复杂的结构

连体结构、转换结构、收进和悬挑结构、悬挂结构（图 1.1.2-1）。

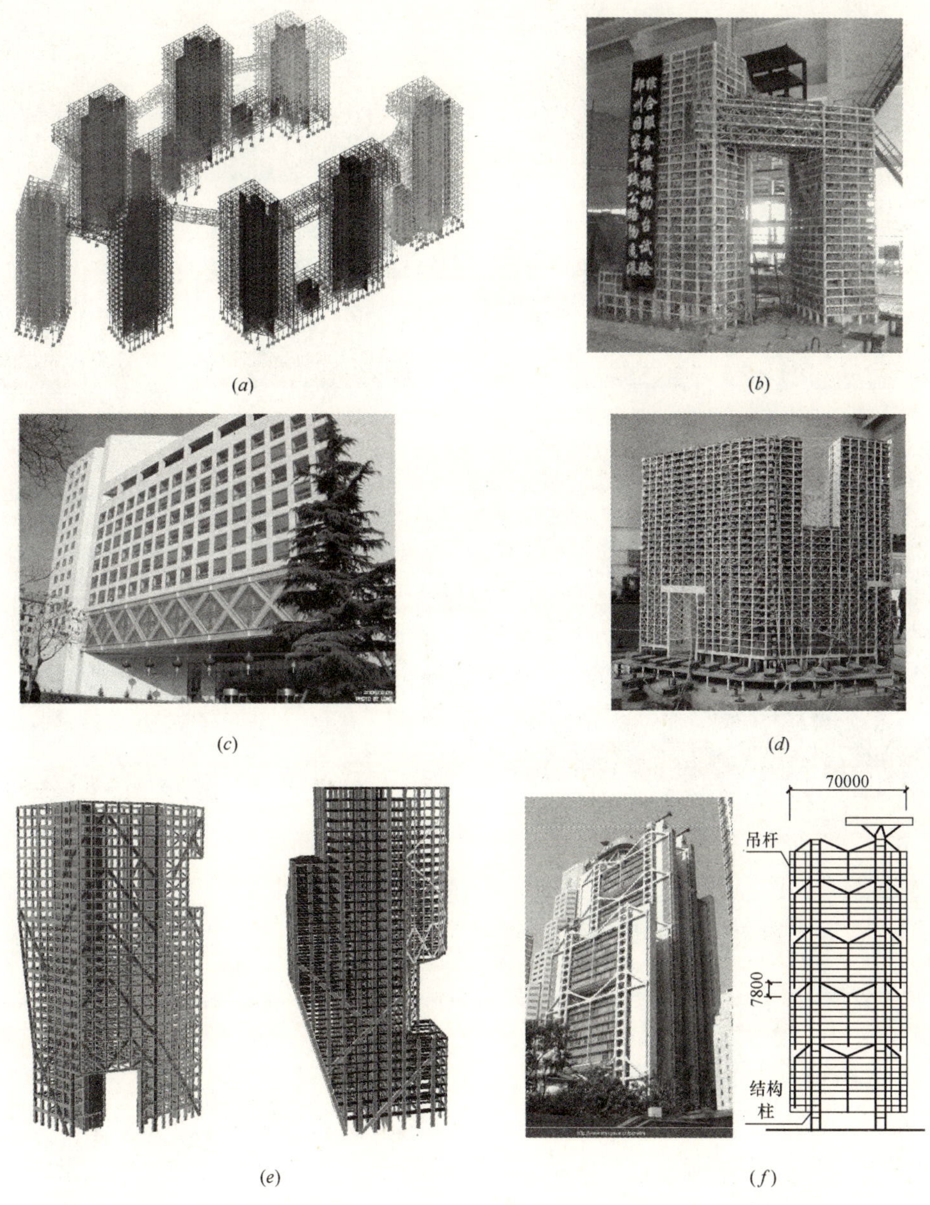

图 1.1.2-1　存在复杂部位的复杂高层建筑

(*a*) 万国城 Moma 弱连体结构；(*b*) 强连体结构；(*c*) 中国银行钢桁架转换结构；
(*d*) 深圳红树西岸梁式转换结构；(*e*) 成都来福士广场收进和悬挑结构；(*f*) 香港汇丰银行悬吊结构

(2) 受力体系复杂的结构

带伸臂桁架和带状加强桁架的超高层建筑、外部交叉网格结构、巨型结构、钢板剪力墙＋外伸刚臂抗侧力体系、空间多面体延性钢架结构、多重结构体系（图 1.1.2-2)。

图 1.1.2-2 不同受力体系的复杂高层建筑

(*a*) 国贸三期带伸臂桁架和带状加强桁架；(*b*) 广州西塔交叉网格结构；
(*c*) 北京电视中心巨型框架；(*d*) 天津津塔钢板剪力墙；
(*e*) 2008 奥运会水立方空间多面体延性钢架结构；(*f*) 上海环球金融中心多重结构体系

(3) 大跨度及大悬挑结构

近年来，世界建筑师设计出了许多奇特的大型复杂钢结构建筑，例如西班牙马德里“欧洲之门”双斜塔（图 1.1.2-3)、CCTV 新台址主楼（图 1.1.2-4)、大连体育馆（图 1.1.2-5)、国家体育场“鸟巢”（图 1.1.2-6）等项目。

大悬挑钢结构结构如中央电视台新台址项目，建筑高度 234m，是国内最大的单体钢结构工程，钢结构用钢量达 12 万多吨。钢结构主要分布在塔楼 1、塔楼 2、悬臂、裙楼四个部分，塔楼 1 悬臂外伸 67.165m，塔楼 2 悬臂外伸 75.165m，悬臂底标高 162.200m，共有 14 层，悬臂宽 39.1m。悬臂部分总重量为 13949t，其中 37～39 层部分为 4395t。深圳证券交易所营运中心工程裙楼为超长悬挑结构，距一层楼面约 36m，设有 3 层主楼层、1 层夹层和可上人的屋顶花园。平面尺寸东西长 162m，南北宽 98m，由桁架筒支撑，部分与塔楼钢结构结合为一体；南北向悬挑 22m，东西向悬挑 36m；采用巨型钢桁架结构。

图 1.1.2-3　马德里“欧洲之门”双斜塔

图 1.1.2-4　CCTV 新台址主楼

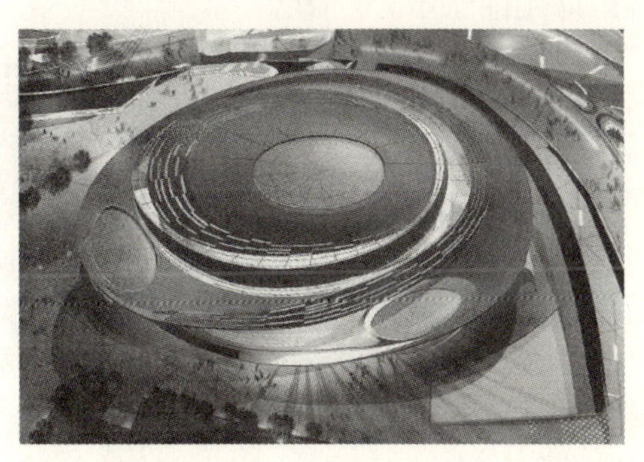

图 1.1.2-5　大连体育馆

图 1.1.2-6　国家体育场“鸟巢”

大跨度钢结构如国家大剧院钢结构壳体，该壳体东西长约 212m，南北约 144m，高约 46m，为一超大空间的壳体，整个钢壳体由顶环梁、梁架构成骨架；梁架之间由连杆、斜撑连接，总重约 6750t。国家体育场港机构主结构由 24 榀门式桁架组成，其中 22 榀是直线贯通或近似直线贯通。屋盖开口长轴方向（南北向）长度约为 185m，开口边缘接近跑道的外侧；短轴方向（东西向）约为 125m，边缘接近一层看台内侧。武汉火车站钢结构包括主拱结构、主拱屋面桁架结构、中间网壳结构、次拱及次拱屋面桁架结构、夹层结构、电梯井架结构以及票厅、步道、站台板、高架旅客平台、东西基本站台箱梁、扶梯、楼梯等其他附属钢结构。其中主拱结构最大跨度为 116m，次拱跨度为 36m，截面为锥状椭圆形。

（4）预应力钢结构

预应力钢结构是近30年来发展最快的结构之一，涉及各种复杂的结构形式并与各种新型建材的发展密不可分；而与之相关的预应力钢结构施工技术，是集材料科学、结构力学分析理论与方法、高效安装技术与工艺于一体的综合性技术，全面反映了一个国家的综合技术实力。

预应力钢结构的特点之一是结构形式丰富多彩，而且其受力性能与结构形体之间存在着紧密的内在联系，因而其结构形式的不断创新是预应力钢结构发展过程的一个主要特点。而这一领域也为富有创新精神的工程师们提供了充分发挥其智慧和才能的广阔舞台。迄今为止，在预应力钢结构领域出现了许多令人称道的标志性工程。美国亚特兰大奥运会乔治亚体育馆（索膜结构，见图1.1.2-7）、加拿大蒙特利尔体育场（图1.1.2-8）、美国耶鲁大学冰球馆（索拱结构，见图1.1.2-9）和我国南京奥体中心体育馆（图1.1.2-10）等，这些建筑，造型优美、气势磅礴，给人留下了深刻的印象。随着经济的发展，成本造价已经不再作为结构形式取舍的唯一标准，融建筑技术与艺术于一体的结构形式越来越受到人们的青睐。

预应力钢结构是将现代预应力技术应用到网架、网壳、立体桁架等空间网格结构以及索、杆组成的张力结构中而形成的一类新型杂交结构体系。这类结构造型新颖、构思巧妙、受力合理、刚度大、重量轻、造价经济，二十多年来在大跨度公共与工业建筑中得到了广泛的应用，受到国内外工程界的关注和重视，其推广应用前景十分广阔。

图1.1.2-7　美国亚特兰大乔治亚体育馆

图1.1.2-8　加拿大蒙特利尔体育场

图1.1.2-9　美国耶鲁大学冰球馆

图1.1.2-10　南京奥体中心体育馆

1.1.3　施工技术复杂

针对项目的特殊要求，各种专门的施工技术和综合施工方法日益复杂，并不断发展。

（1）滑移施工技术

南京南站屋盖网架结构平面投影为矩形，中间局部略高，最高点高度为 58.164m，最低点高度为 41.200m，倾斜角度约 6°。四周悬挑于柱外，其中南北端悬挑达 30m。网架南北方向长度 451.200m，东西方向最大宽度为 210.650m。整个网架结构面积约为 94032.8m^2，投影面积约为 90337.1m^2，钢结构重量约为 0.8 万 t，钢构件总数量约 3 万余件。采用高空累积滑移的施工方法。搭设高约 40.5m 的高空拼装滑移平台，在 4 条高空轨道上分 9 次滑移就位。

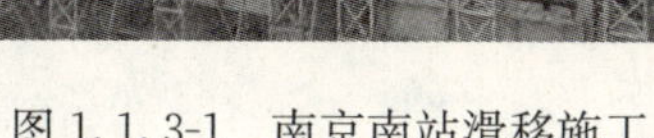

图 1.1.3-1　南京南站滑移施工

图 1.1.3-2　南京南站滑移施工节点

（2）空中合龙技术

针对各种高空悬挑结构，为提高施工效率，节约工程成本，类似桥梁合龙施工的结构连接技术在建筑结构中得以应用。如 CCTV“两塔悬臂分离安装、逐步阶梯延伸、空中阶段合龙”技术（图 1.1.3-3）。

（3）整体成型后卸载

国家体育场钢结构屋盖呈双曲面马鞍形，东西轴长 298m、南北轴长 333m，最高点 69m、最低点 40m。钢结构由 24 榀门式桁架柱围绕着体育场碗状看台区旋转而成。

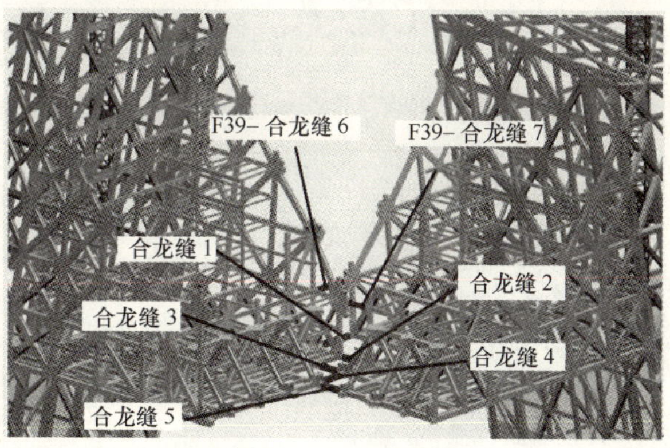

图 1.1.3-3　央视新址主楼大悬臂阶梯延伸、空中合龙

整体外观酷似“鸟巢”造型。国家体育场钢结构卸载分七步，每步又分五次进行，从14日上午8点开始，到17日中午11点10分结束。这次卸载的钢结构总重量达到14000t，卸载共设78个点，安装了156个千斤顶，采取分级同步卸载，分外圈、中圈、内圈三级统一布控，采用中央处理器控制，电脑统一发出指令，实施自动同步卸载的方法进行（图1.1.3-4）。

图1.1.3-4　国家体育场卸载支撑点与顶升点

（4）整体提升（图1.1.3-5～图1.1.3-6）

图1.1.3-5　北京万国城连桥提升

（5）关键构件后延迟施工技术（图1.1.3-7）

图1.1.3-6　国家图书馆钢结构提升

图1.1.3-7　超高层建筑伸臂桁架后延迟连接

(6) 分节段施工旋转移位（图 1.1.3-8）

图 1.1.3-8 天津慈海桥摩天轮桥面拼装、转动移位

(7) 张拉弦钢拱架结构张拉滑移成型（图 1.1.3-9～图 1.1.3-10）

图 1.1.3-9 张弦拱架成型前

图 1.1.3-10 随着预应力的张拉，张弦拱架成型

(8) 折叠结构整体提升形成结构（图 1.1.3-11）

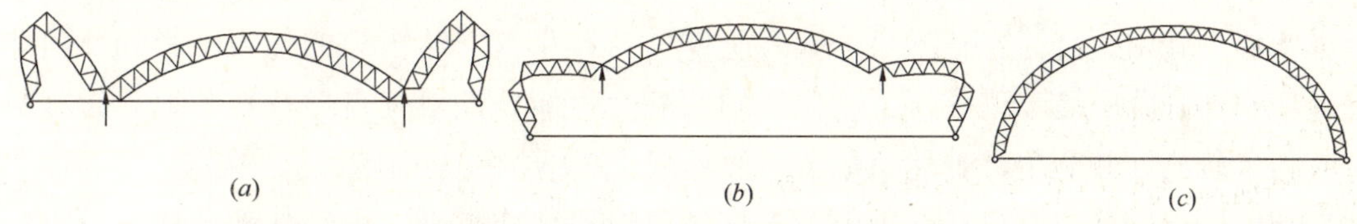

图 1.1.3-11 折叠网壳提升展开成型

(a) 地面安装，准备提升；(b) 提升过程中；(c) 提升就位

1.2 研 究 现 状

本章针对具体的结构体系重点介绍在预变形分析技术研究中，国内外的进展情况

和重点研究方向，以及遇到的研究难题及解决方式。

1.2.1 大悬臂、大跨度桁架结构

(1) 国内研究现状

国内关于悬臂结构的研究大多是针对具体工程，研究了其静力稳定性以及在地震作用和风荷载作用下的安全性。

杜涛对天津东丽湖滑水会所的钢结构悬挑观景平台进行了施工现场全过程应变测试，并在此基础上对结构进行了拓扑优化和截面优化，使结构更趋于合理。刘杰、杜涛也依据上述工程研究了在桁架设计时节点弯矩的影响，得出对于一些杆件短而粗、线刚度较大的桁架，以及用节点板连接的桁架，会产生一定程度的节点弯矩，需根据实际情况给予考虑。王国权基于有限元方法研究了考虑几何非线性的长悬臂桁架稳定性和极限承载力，提出加强节点刚度可以提高结构的屈曲承载力，但会增大悬臂端节点的位移，在进行选材时应该优先选择屈强比较大的材料，有利于防止结构体系局部构件失稳。周克民、李霞对应力约束的自由端受横向集中力的长悬臂桁架进行了拓扑优化，用解析法推导出了最小重量长悬臂桁架。

张毅刚、姜维成、吴金志选用三种长悬臂铰接杆系结构即立体桁架、正方四角锥网架和三向网架的工程实例，研究了该三种铰接杆系结构的自振特性和抗震性能，提出长悬臂结构存在"鞭击效应"，对工程中如何考虑他们的抗震设计提出一些建议。姜维成、于立新以山西某飞机库为基础，对悬臂平面桁架进行了参数分析，分析了该结构类型的自振特性，并给出了它在竖向地震作用下的实用计算方法。

大跨度悬挑屋盖因其跨度大、结构柔等特点，成为一种非敏感型结构，国内一些学者通过风洞试验和数值模拟的方法对一些体育场挑篷进行了风荷载特性研究，为这种结构的抗风设计提供安全性的保障。

长悬臂桁架结构受力的特点是根部弯矩较大，于是国内有些人运用张弦梁原理，构造出了悬臂张弦立体桁架，有效地改善了根部弯矩较大的缺陷，充分发挥了材料的力学性能。其中，高博青、鲍科峰等人研究了悬臂张弦立体桁架的传力路径和几何非线性稳定性，薛晓峰不仅分析了该种结构的静力性能，还对其自振特性和地震时程响应进行了研究，并利用黏弹性阻尼器有效地减小了结构的地震响应。

综上所述，可以看出目前国内关于长悬臂桁架结构的静力稳定性理论研究较为深入，但是对其施工过程中的变形控制研究较少。

(2) 国外研究现状

国外仅针对长悬臂桁架结构的理论研究较少，很多学者关于大跨度桁架结构做了不少工作，尤其是在桁架结构的优化设计、稳定性和承载力方面已经取得初步的成果。

桁架结构的受力跟它的几何形状、约束条件、荷载情况等许多条件都有关，如何使桁架结构的重量最轻、经济性能最好，国外一些学者对此进行了理论研究。在给定

的允许应力值下，对一个只有两个固定支点传递特定荷载的悬臂桁架进行了优化设计。基于Michell理论和生物演化原理研究了平面桁架结构的优化问题。这些桁架结构的优化方法都为寻找更合理、更经济的桁架结构提供了理论基础，提高了它在大跨度空间结构中的竞争力，同时促进了它在实际工程的应用。

大跨度桁架结构由一系列杆件组成，杆与杆之间的连接比较复杂，由于制作误差、安装误差等原因造成杆件的偏心即杆件的几何非线性，杆件还会因为材料的不均匀存在着材料非线性。几何非线性和材料非线性对桁架结构的承载力都有较大的影响。大跨度桁架结构能够用较少的支点提供较大的建筑空间，所有的荷载最终都传向支点，因此支承的承载力对整个结构的安全起着至关重要的作用。

大跨空间桁架结构早在20世纪50年代后期就有了较为广泛的应用，当时采用的空间桁架大多是短弦杆通过节点相互连接起来，于是很多人对该种结构的倒塌机制进行了研究。研究表明，靠节点连接起来的短弦桁架结构对几何缺陷比较敏感，在倒塌前没有充分的预警，常常因为一根关键性受压杆件屈曲不能将内力很好地分给相邻杆件而导致整个结构的破坏。还有研究表明，桁架结构的节点采用铰接会降低杆件的屈曲强度和屈曲后的延性，尤其是荷载在结构的极限荷载附近时，结构没有充分的延件和塑性进行内力重分布而发生倒塌。为了改善短弦杆的诸多缺点，后又出现了连续弦杆桁架结构，许多学者也对连续悬杆体系的节点连接形式进行了研究，以便使节点连接更加简单，减小对杆件的屈曲性能，使结构在倒塌前有充分的塑性发展，增加结构的安全性，而且比短弦杆桁架具有更低的造价。以上这些研究主要还是对桁架结构的节点进行了改进，分析了不同连接形式的桁架的静力性能。

纵观国内外悬臂桁架的发展现状可以看出，国内外对桁架结构的研究内容差不多，但国内针对悬臂桁架结构在静力性能和动力性能方面的研究更多一些，国外很少只就悬臂桁架进行分析，而对大跨度桁架结构的研究涉及较早，静力性能的研究较为深入。

1.2.2　预应力钢结构

1.2.2.1　弦支穹顶结构的发展

（1）弦支穹顶结构的产生

1962年著名建筑师R. B. Fuller提出了由索和杆组成的张拉整体结构（Tensegrity Systems），Fuller希望在这种结构中尽可能地减少受压构件，结构处于连续的张拉状态，使压力成为张力海洋中的孤岛，由于这种连续拉、间断压的状态符合自然界固有规律，能最大限度地利用结构的材料特性，从而可以以尽量少的材料建造更大跨度的空间。这种结构体系以其简洁明确的力学概念为大跨度结构的应用创造了新的奇迹。20世纪80年代，美国学者B. H. Geiger和M. Levy进一步对Fuller的思想进行演变和发展，提出了索穹顶结构体系（Cable Dome），并在汉城奥运会体育馆和击剑馆等场

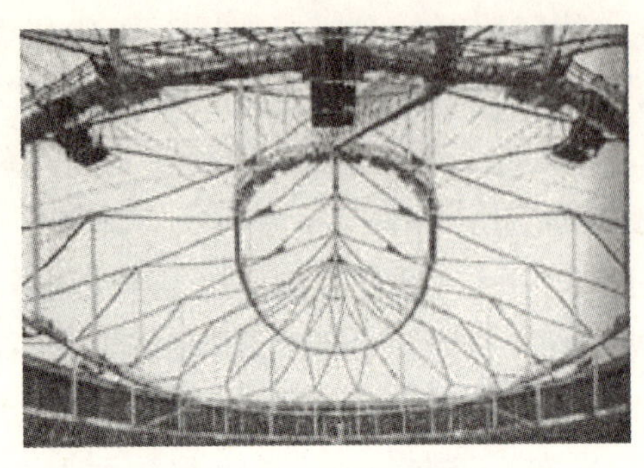

图 1.2.2-1　佐治亚穹顶内景

馆中得到应用，其中最具有代表性的例子是亚特兰大奥运会主体育馆，如图 1.2.2-1 所示，其跨度超过 200m，用钢量却不足 30kg/m^2。索穹顶结构通过施加预应力产生承载所必要的刚度，然后形成一个稳定的结构体系来承受外荷载，但是由于需要在周边布置强大的受压环梁以平衡拉索预拉力，且索内的高预应力使得非索构件的费用昂贵和施工制作复杂，故索穹顶的造价非常高；且其屋面材料目前仅能使用价格偏高的膜材，而国产膜材在强度、耐久性、自洁性、保温等性能上均存在一定的问题，更由于施工成型的困难，大大增加了索穹顶应用推广的难度。

张拉整体结构与单层球面网壳是柔性结构体系与刚性结构体系的典型代表，而张力结构的出现使得将传统的刚性结构和柔性结构结合形成新的结构体系成为可能。弦支穹顶结构（Suspend Dome）和张弦梁结构（Beam String Structure）是两种典型的代表体系。张弦梁结构是由日本大学 M. saitoh 教授提出的"用撑杆连接抗弯受压构件（拱形梁）和抗拉构件（索）而形成的自平衡体系"，通过下弦索施加预应力可以使结构形成整体共同参加工作。它充分发挥了拱形结构的受力优势并充分利用索材的高强抗拉性，来调整体系的内力分布，降低内力幅值，从而提高结构的承载能力。张弦梁在我国工程应用较多，如跨度 126.6m 的广州国际会展中心和国内跨度最大的张弦桁架结构—哈尔滨国际会议展览中心，跨度为 128m，分别见图 1.2.2-2 和图 1.2.2-3。

图 1.2.2-2　广州会展中心内景

图 1.2.2-3　哈尔滨国际会展中心内景

当张弦梁结构由平面受力体系发展为空间受力体系时，弦支穹顶结构就产生了。1993 年日本法政大学 Mamoru Kawaguchi 提出了由单层球面网壳和去掉上层索的索穹顶结构组成的一种合理的新型的杂交空间结构形式—弦支穹顶结构（Suspen-Dome）。它一方面有效地增加了结构的整体刚度，同单层网壳相比具有更高的刚度和稳定性，使结构能跨越更大的空间；另一方面弦支穹顶结构具有一定的初始刚度，使其设计、施工成形与柔性结构相比得到了较大的简化，并且两种结构体系共同作用成为自平衡体系，缓解了周边环梁的强大压力，极大地改善了下部结构的受力状态。

(2) 国外发展及工程应用

弦支穹顶结构在20世纪90年代经Kawaguchi教授提出后，就得以在工程中应用。1997年3月在日本东京建成了世界上第一座弦支穹顶结构－光球穹顶。图1.2.2-4所示为日本建成的光球穹顶的外景。它的跨度为35m，屋顶最大高度为14m。上层网壳由工字型钢梁组成，下弦采用钢杆代替径向拉索，通过对钢杆施加预应力，使结构在长期荷载作用下对周边环梁作用力为零。环梁下端由V形钢柱相连，钢柱的柱头和柱脚采用铰接形式，从而使屋顶在温度荷载作用下沿径向可以自由变形。

(*a*)

(*b*)

图1.2.2-4　光球穹顶

(*a*) 光球穹顶的外景图；(*b*) 光球穹顶在施工中

继光球穹顶之后，1997年3月在日本长野又建成了聚会穹顶，其外景和内景如图1.2.2-5所示。

(*a*)

(*b*)

图1.2.2-5　聚会穹顶

(*a*) 聚会穹顶外景图；(*b*) 聚会穹顶内景图

目前国外只有少数国家对弦支穹顶结构进行了研究，而在实际工程中除了先前所建的两个穹顶结构之外，该结构形式很少在工程中应用。

(3) 国内发展及工程应用

十多年前我国开始对弦支穹顶结构体系进行初步的了解和研究。弦支穹顶结构体系在我国经过了十多年的发展和工程应用，已由初期的中小跨度应用，向大跨度应用转变。

我国初期建造的弦支穹顶工程实例有：天津保税区某商务中心大堂屋盖结构和昆明柏联广场采光顶等。图 1.2.2-6 所示为 2001 年建于天津港保税区商务中心大堂的直径为 35.4m、矢高为 4.6m 的弦支穹顶结构。该工程的弦支穹顶屋盖采用周边支承，支承沿圆周布置于 15 根钢筋混凝土柱及柱顶圈梁上。单层网壳部分采用凯威特型与联方形网壳的组合，网壳沿径向划分为 5 个网格，外圈沿环向划分为 32 个网格，环向网格到中心缩减为八个。图 1.2.2-7 所示为昆明柏联广场采光顶，昆明柏联广场采光顶直径为 15m，矢跨比 1/25。上弦为单层肋环形网壳，环向六环，径向十六条肋，采用圆钢管相贯焊接而成，边缘环采用槽钢作为刚性边梁。下弦用预拉力环形索，共五环，用斜向索拉上弦节点，上下弦之间采用竖向铰接撑杆。

(a)

(b)

图 1.2.2-6　天津港保税区大堂屋盖

(a) 大堂屋盖外景图；(b) 大堂屋盖结构图

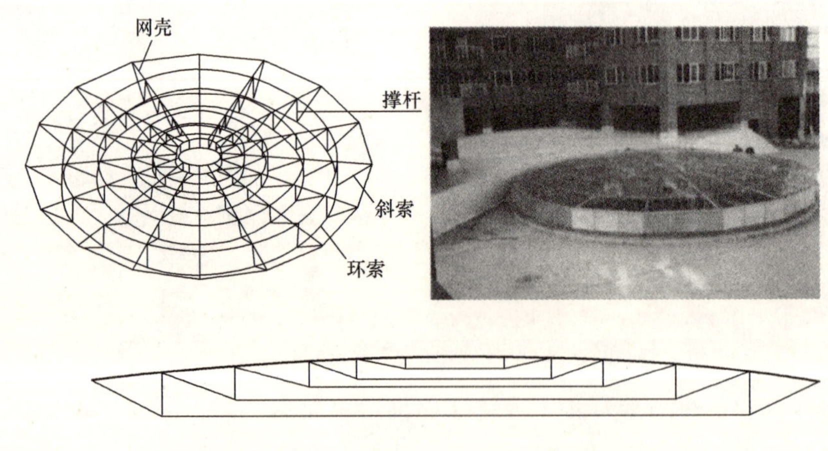

图 1.2.2-7　昆明柏联广场中厅采光顶

随着我国对弦支穹顶结构体系研究的深入，弦支穹顶结构在我国的应用也越来越趋向大跨度，已建成的 2008 年北京奥运会羽毛球馆和第十一届全国运动会济南奥体中心体育馆弦支穹顶结构跨度分别为 93m 和 122m。北京奥运会羽毛球馆（即北京工业大学体育馆）位于北京工业大学校园东南区，在奥运会中承担羽毛球和艺术体操项目的比赛。如图 1.2.2-8 所示，总体结构长为 150m，宽为 120m。屋盖主体采用空间弦支穹顶结构，跨度为 93m，外撑部分采用 H 型钢管。济南奥体中心体育馆为迄今为止世界上跨度最大的弦支穹顶结构，如图 1.2.2-9 所示，结构上部单层网壳为凯威特形和葵花形内外混合布置形式，索杆弦支体系为肋环形布置，为了改善结构体系的动力特性，在径向马道支点和相邻的竖向压杆的上节点之间适当斜拉构造钢棒。

(a)

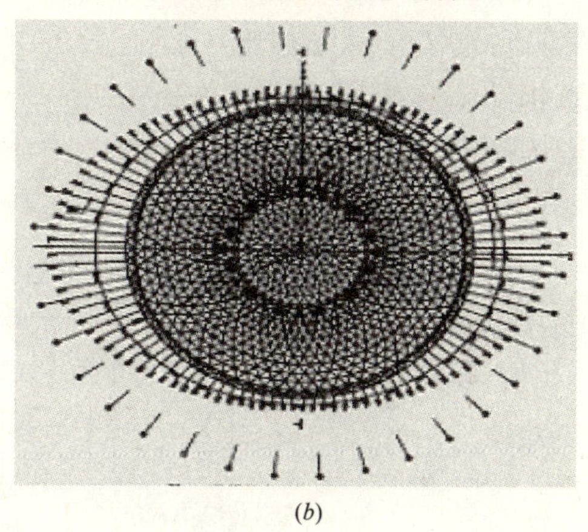
(b)

图 1.2.2-8 北京奥运会羽毛球馆
(a) 羽毛球馆效果图；(b) 羽毛球馆结构图

(a)

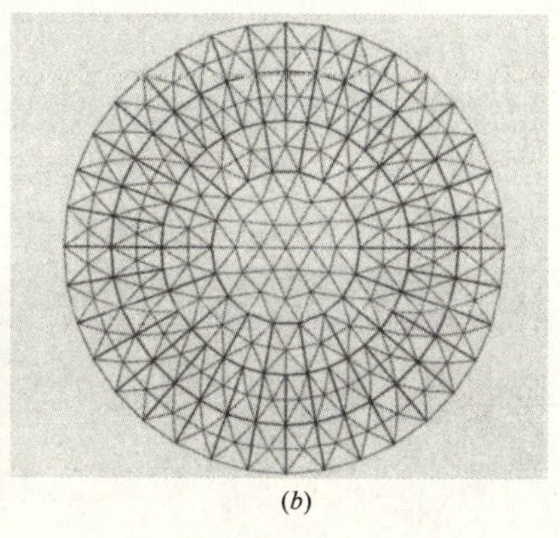
(b)

图 1.2.2-9 济南奥体中心体育馆
(a) 济南奥体中心体育馆外景图；(b) 济南奥体中心体育馆结构图

对于大跨度钢结构，随着施工的推进，已经安装的结构构件在不断的变形，这就对新装构件的安装位形有较大的影响。为了使结构竣工时的形状达到期望的目标位形，施工过程中各个构件须在一系列特定的位形上进行加工和安装，而这些位形是未知的，且与设计位形存在一定的差别。因此，必须对结构构件的安装位形进行预测和预调，以确定构件合理正确的加工尺寸和安装坐标，从而使得安装完成结构变形后的位形满足目标位形。对于施工中采用胎架施工法的结构，其施工预变形值就是传统上的预拱值，这在深圳会展中心钢结构的安装过程中得到了应用。深圳会展中心的展厅屋盖采用双箱梁拉杆拱结构，采用设置临时支撑塔架的施工法。展厅中部梁和边梁采取不同的支撑形式，导致施工过程中的变形不同。中部梁在胎架拆除后由于自重和檩条的的作用产生下挠，而边梁则无下挠。只有对中部梁设置变形预调值（预起拱），才能保证屋盖在施工完毕后达到设计位形（图 1.2.2-10），从而消除中间梁和边梁的变形差，使得屋面平整度满足设计要求。郭彦林等对 CCTV 新台址主楼钢结构施工预变形进行了分析，针对这一工程，提出了一种精确计算钢结构施工预变形的分析方法一分阶段综合迭代法。分析给出了结构在施工过程中的变形预调值，作为实际结构施工及安装的重要定位依据。对于弦支穹顶结构施工预变形的研究，多集中于结构撑杆偏摆的预调值，郭正兴等分别对济南奥体中心体育馆弦支穹顶结构和常州体育馆大跨度椭球形弦支穹顶结构进行了撑杆偏摆的分析，给出了施工中的撑杆偏摆的预调值。

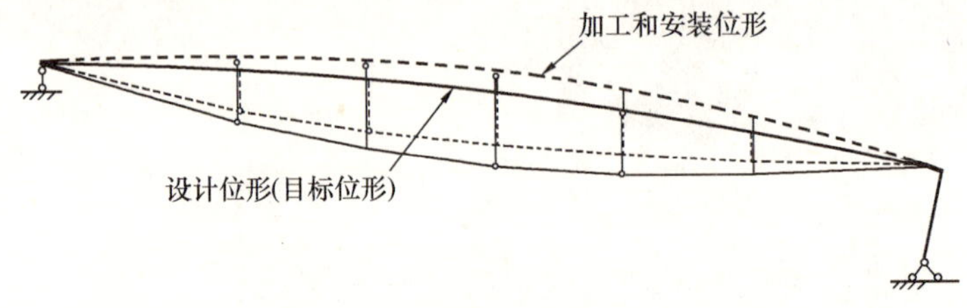

图 1.2.2-10　深圳会展中心展厅钢结构安装

钢索应用于房屋建筑的历史不到 50 年。近 30 年来，预应力钢索在建筑结构中的作用日益被工程技术人员所认识和掌握，各种新型的预应力钢结构得到了广泛的研究和应用（图 1.2.2-11 和图 1.2.2-12），已广泛应用于公共建筑和工业建筑中。

图 1.2.2-11　郑州国际会展中心

图 1.2.2-12　浙江义乌体育场

随着我国经济的发展，综合国力的增强、建筑技术的进步和人民群众物质文化需要的增长，建造更多更大的大空间和超大空间建筑物的需求日益增大，使得我国预应力钢结构面临巨大的发展机遇。“国家建筑钢结构产业十五计划和 2015 年发展规划纲要”提出，进一步加大对大跨空间钢结构的研究，包括完善已有的和发展新型的结构形式。预应力技术是建筑业大力推广的能充分利用高强度材料的新技术。随着 2008 年北京奥运会和 2010 年上海世博会的成功举办，我国大跨度预应力钢结构的应用进入了一个蓬勃发展的新时期。

近十年来，国内预应力钢结构领域在拉索材料、结构形式和施工技术方面都取得了突破性的进展。

1.2.2.2　拉索材料的发展

拉索材料从钢绞线组装索和钢丝绳组装索向高强度钢丝束成品索和钢拉杆成品索发展。

（1）组装索

早期预应力钢结构中的拉索多采用钢绞线组装索和钢丝绳组装索，其中钢绞线组装索应用较多。钢绞线组装索的索体材料，直接采用预应力混凝土中的钢绞线。拉索锚具则在夹片锚和挤压锚等锚具的基础上予以改造。钢绞线组装索的特点为：制作方便、索长制作精度要求低、制索费用经济、现场容易吊装、安装和张拉，但索端节点构造较为复杂，美观性、整体性和防腐性较差。

现在，钢绞线组装索多应用于管内布索的预应力钢桁架结构中，钢绞线束的防腐性能得以保证，如成都会展中心、广州新白云机场二期工程和广东省博物馆新馆工程等。

（2）成品索

目前，高强度钢丝束成品索和钢拉杆成品索（图 1.2.2-13）已广泛应用于预应力钢结构中。成品索（包括索体和锚具）的制作质量、整体性、防腐性和美观性大大提高，但对锚具形式、节点构造、工厂的拉索制作长度、现场安装和张拉工艺提出了更高的要求。

钢丝束成品索早期主要应用于桥梁结构中，后来逐渐应用于建筑结构（图 1.2.2-14）中，预应力钢结构开始迅速发展。同时，由于预应力钢结构的结构形式和节点构造的

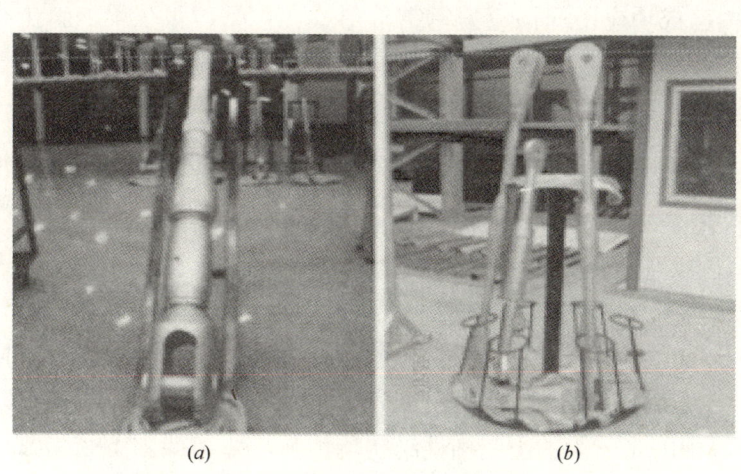

(*a*)　　(*b*)

图 1.2.2-13　钢丝束成品索和钢拉杆成品索

(*a*) 钢丝束成品索；(*b*) 钢拉杆成品索

多样性及建筑美观性的要求，使钢丝束成品索的锚具形式从冷铸锚发展到多种热铸锚形式，以及一些特殊的组合形式。所有这些，对节点构造，特别是对张拉设备提出了更多新的要求。

钢拉杆成品索最早应用在上海浦东新国际博览中心（图 1.2.2-15）的柱间支撑中，之后在深圳会展中心张弦梁的下弦拉索、深圳游泳跳水馆的斜拉索、西安咸阳国际机场候机楼的柱间支撑、济南奥体中心体育馆弦支穹顶的径向索中予以应用。与钢绞线组装索和钢丝束成品索等软索不同，钢拉杆为硬索，故其安装和张拉工艺及张拉设备也不同。

图 1.2.2-14　南京世纪塔

图 1.2.2-15　上海浦东新国际博览中心

1.2.2.3　结构形式的发展

与国外相比，近十年来我国预应力钢结构在结构形式、拉索材料和空间结构尺寸上取得了突破性进展，有些甚至居于国际前沿。

目前，国内已成功应用的预应力钢结构形式，包括：张弦梁、斜拉结构、预应力桁架、索桁架、索拱、弦支穹顶、索网及多次杂交结构和特殊结构等。

（1）张弦梁、张弦桁架和张弦网格

张弦梁由上弦刚性结构、中间撑杆和下弦索构成。拉索张拉时，张弦梁的一端或两端的支座允许滑动，使拉索的预张力完全由上弦刚性结构平衡，从而形成预应力自平衡体系。

大跨度张弦梁最早应用于上海浦东国际机场候机楼工程（1998 年建成，见图 1.2.2-16），跨度为 83m 和 44m；2002 年建成的广州国际会展中心，张弦梁跨度为 126.5m；2003 年建成的哈尔滨国际会展体育中心，张弦梁（图 1.2.2-17）跨度为 128m。这些工程中的张弦梁的上弦刚性结构均为弧形管桁架，下弦为弧形高强度钢丝束成品索，撑杆为两端铰接的平行钢管。之后，类似的张弦梁结构如雨后春笋般涌现，其上弦刚性结构的形式、撑杆的形式、下弦拉索的线形和材料等也发生了变化，如：

扬州市广播电视局候播大厅的张弦梁上弦为双坡双 H 型钢直梁（图 1.2.2-18）；南京会展中心张弦梁上弦为单坡双 H 型钢直梁（图 1.2.2-19）；深圳会展中心张弦梁下弦拉索采用高强度钢拉杆；上海 2010 年世博会主题馆张弦梁的上弦刚性结构为平直管桁架，撑杆为 V 形撑，下弦为三折线双索（图 1.2.2-20）。

图 1.2.2-16 上海浦东国际机场候机楼

图 1.2.2-17 哈尔滨国际会展体育中心

图 1.2.2-18 扬州广播电视局候播大厅张弦梁张拉

(*a*)

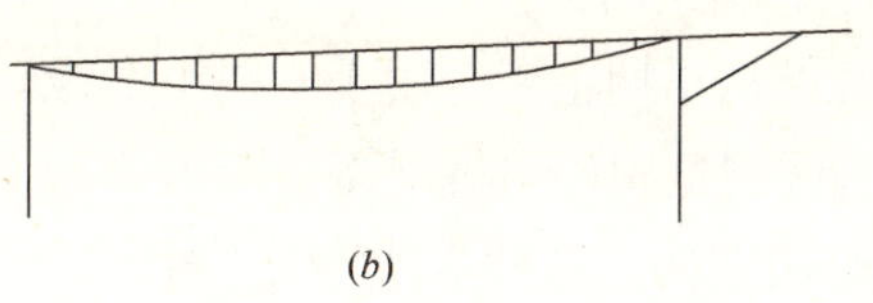

(*b*)

图 1.2.2-19 南京会展中心张弦梁

(*a*) 室内实景；(*b*) 单榀张弦梁模型

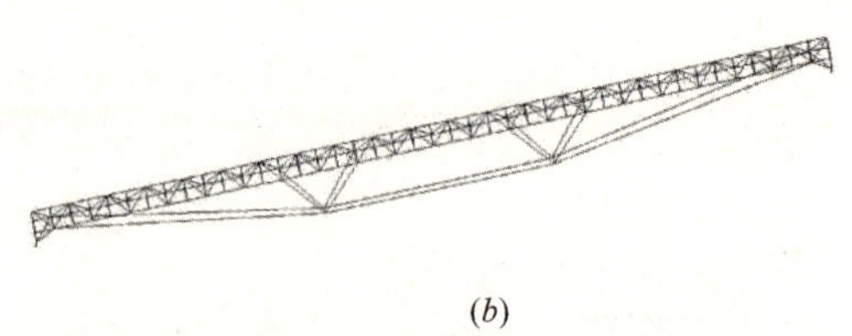

(a) (b)

图 1.2.2-20 上海 2010 年世博会主题馆张弦梁

(a) 现场施工实景；(b) 单榀张弦梁三维模型

此外，张弦梁也由单向，向双向、三向等多向张弦梁和张弦网格结构发展。如：国家体育馆为双向张弦梁、南京苏源大厦为三向六榀张弦网格（图 1.2.2-21）、无锡大学体育馆屋盖中部为 8 向张弦梁。

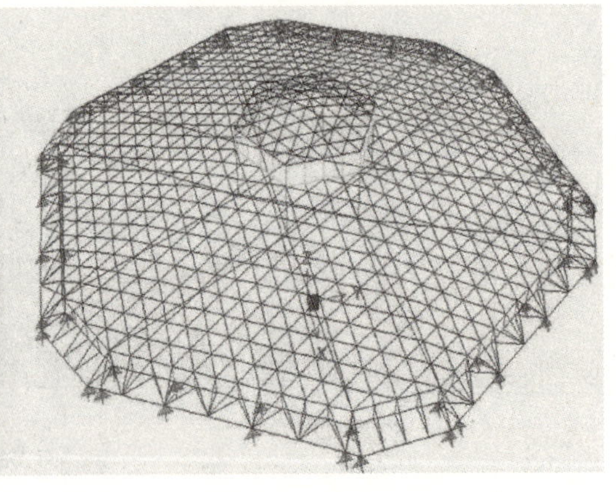

图 1.2.2-21 南京苏源大厦三向张弦网格

（2）斜拉结构

斜拉结构由刚性结构（刚构）、桅杆（或塔柱）和斜拉索构成。斜拉索布置在刚构的上方，为刚构提供弹性支撑，从而改善结构内力状况，减少变形和支座弯矩，实现更大跨越，减少用钢量。

斜拉结构早期主要应用于一些小型建筑结构中，如珠海保税区东大门（图 1.2.2-22）和南京国际展览中心斜拉雨篷（图 1.2.2-23），其拉索多采用钢绞线和钢丝束组装索。

无论从刚构、桅杆（或塔柱）形式，还是拉索材料上，斜拉结构的发展都呈现出多样性，如：江宁市体育场斜拉网架结构（图 1.2.2-24），平面呈月牙形，最大悬挑跨度为 42m；网架后缘支撑在“V”形钢柱上，网架前缘由斜拉索斜拉；斜立桅杆高 75m，单桅杆上有四根前斜索和两根背索，其中 I 号背索的规格为 PES C7-265（外包双层 PE 的钢丝束成品索），索长约 92m/根，重约 9t/根；张拉力为 345t；广州大学城

图 1.2.2-22 珠海保税区东大门

图 1.2.2-23 南京国际展览中心斜拉雨篷

图 1.2.2-24 江宁体育场斜拉网架结构

体育场的斜拉网格结构（图 1.2.2-25），刚构为额外配重的 H 型钢网格，共有 8 根桅杆，每根桅杆上有 6 根多向散布的前索和 4 根平行密排的背索；吴江市体育场斜拉桁架结构的塔柱采用梭形管桁架；广东外语外贸大学体育场的桅杆为张力撑（图 1.2.2-26）；深圳游泳跳水馆的拉索采用钢拉杆（图 1.2.2-27）等。

图 1.2.2-25 广州大学城体育场斜拉网格结构

(3) 预应力桁架结构

预应力桁架结构由桁架和拉索构成，其桁架能自成结构体系且具有较大刚度，拉索的作用主要是改善桁架的内力状况。

早期著名的预应力桁架结构有：1994 年建成的北京西客站主站房巨型预应力钢桁架（图 1.2.2-28），采用廓外折线预应力形式，钢套管内穿入无粘结预应力钢绞线，跨

图 1.2.2-26　广东外语外贸大学体育场

图 1.2.2-27　深圳游泳跳水馆

图 1.2.2-28　北京西客站主站房

度 45m（重 1800t），承托 40m 高的中式门楼（总重 5400 余吨）；湖南省政府办公大楼预应力桁架钢屋盖（图 1.2.2-29），跨度 81m，采用三折线索托钢桁架，拉索为钢丝束

(*a*)

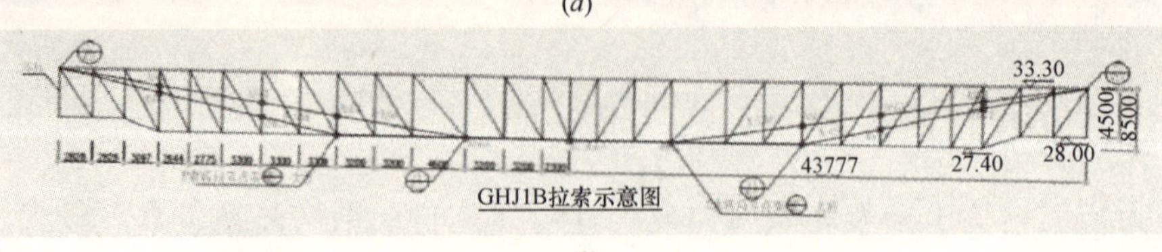

(*b*)

图 1.2.2-29　湖南省政府办公大楼预应力桁架

(*a*) 现场施工照片；(*b*) 单榀预应力桁架

成品索；成都会展中心和广州新白云国际机场二期工程（图 1.2.2-30）为预应力空间桁架结构，在空间桁架的下弦管内布置无粘结钢绞线组装索，端部为防松夹片锚具；广东省博物馆新馆（图 1.2.2-31）的屋盖为预应力悬吊钢桁架，屋盖布置在钢骨剪力墙顶端，主体结构悬吊在屋盖钢桁架下，钢桁架双向正交布置，钢绞线组装索布置在桁架的上弦和端腹杆内。

(*a*) (*b*)

图 1.2.2-30 广州新白云国际机场二期工程

(*a*) 现场施工照片；(*b*) 下弦管内组装索锚固端

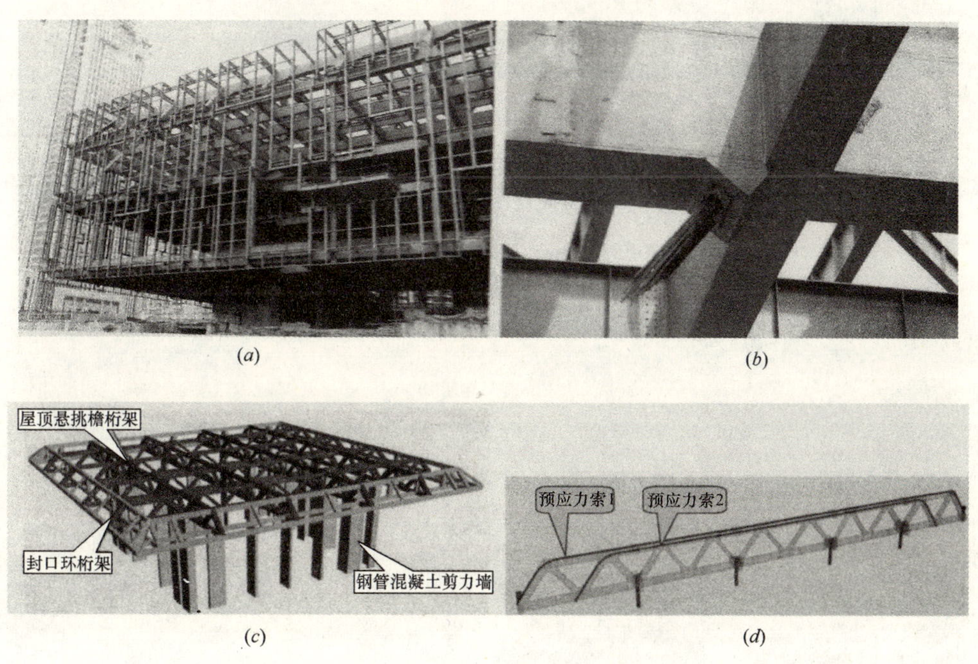

(*a*) (*b*)

(*c*) (*d*)

图 1.2.2-31 广东省博物馆新馆预应力悬吊钢桁架

(*a*) 现场施工照片；(*b*) 管内组装索锚固端

(*c*) 整体模型；(*d*) 桁架内拉索布置

（4）索桁架结构

索桁架结构由承重索、稳定索和中间腹索（或腹杆）构成。承重索的线形下凹，为正曲率，主要承受竖向向下的荷载（如自重、雪载、屋面活载等）；稳定索的线形上凸，为负曲率，主要承受竖向向上的荷载（如风吸力等）；腹索或腹杆连接承重索和稳定索，形成结构整体。索桁架为非自平衡结构，其需要大刚度的边梁来平衡索力。

早期的无锡锡山游泳馆（图 1.2.2-32），为单向平行索桁架，承重索在上，稳定索在下，腹杆受拉，拉索采用无粘结钢绞线组装索；江苏东台热电厂供热管线专用管道桥（图 1.2.2-33），采用空间索桁架结构，跨度 81.2m，承重悬索和吊杆位于桥面上部，稳定索呈空间弧形，位于桥面下部，拉索采用外包 HDPE 的镀锌钢绞线索；广州中洲中心玻璃光棚（图 1.2.2-34）为斜置的椭圆形轮辐式索桁架，倾角 12°，长轴 80m，短轴 64m，光棚中点离地 19.2m，承重索为单索，稳定索为双索，两者在平面内交叉，索桁架顶面增设连系索，拉索采用钢丝束成品索。

图 1.2.2-32　无锡锡山游泳馆索桁架

图 1.2.2-33　江苏东台热电厂专用管道桥

图 1.2.2-34　广州中洲中心玻璃光棚

（5）索拱结构

索拱结构由拉索和拱构成，其中拉索的主要作用是减小拱的推力和提高拱的稳定性。如：淮海工学院体育馆屋盖形状为椭圆马鞍形，长轴 71m，短轴 56m，采用正交索拱结构（图 1.2.2-35），短轴为负曲率（上凸）的拱桁架，长轴为正曲率（下凹）的承重索，承重索从拱桁架腹杆上节点的腋间穿过；郑州新郑国际机场航站楼的平面多跨连续索拱结构（图 1.2.2-36），总长 124.036m（29.0m + 47.518m + 23.759m+23.759m），上弦为钢箱梁拱，下弦为负曲率（上凸）的稳定索，两者之间为受拉的腹索。

图 1.2.2-35　淮海工学院体育馆正交索拱结构

（6）索穹顶结构

索穹顶结构主要由脊索、斜索、压杆和环索构成，为全张力结构。1948 年，美国著名雕塑家 Snelson 展示了索杆组成的张拉体系艺术品。在该作品的启发下，1962 年 Fuller 提出了张拉整体体系全新的结构思想。Fuller 希望在这种结构中尽可能减少受压状态，结构处于连续的张力状态，使压力成为张力海洋中的孤岛。由于这种状态符合自然界固有的规律，能最大限度地利用结构的材料特性，从而实现了以尽量少的材料建造更大跨度的空间。

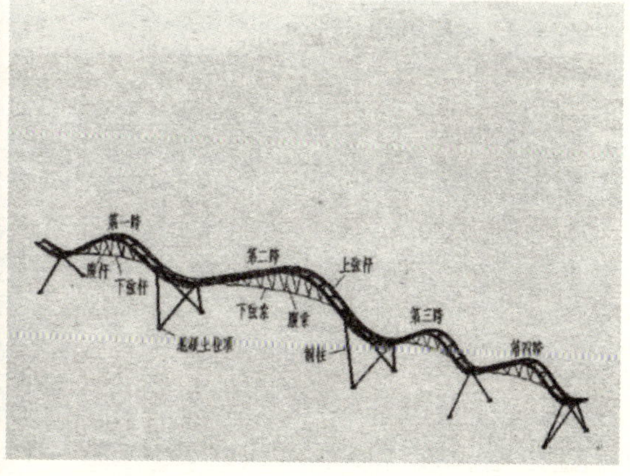

图 1.2.2-36　郑州新郑国际机场航站楼

预应力是索穹顶成形的必要因素，在施工过程中和工作条件下索穹顶的受力状态具有很强的非线性，这对结构分析、设计及施工提出了更高的要求，需要解决一系列难题。因此，索穹顶成为预应力钢结构研究和应用技术的顶峰。

由于膜面为最轻的屋面覆盖材料，且单位膜面覆盖面积大，因此索穹顶常与膜面结合起来，成为张拉膜结构形式之一。但膜面昂贵，耐久性、声学性能和隔热保温性能较差，易受污染，因而采用刚性屋面的索穹顶则具有更加广阔的应用前景。

2009 年 12 月建成的无锡太湖国际高科技园区高科技交流中心索穹顶，为国内第一个刚性屋面的索穹顶工程，开创了索穹顶结构在国内工程应用的先河。该结构体系由脊索、斜索、环索、压杆、外环受压环及内环刚性压力环构成（图1.2.2-37），是典型的Geiger型索穹顶结构体系。索系特点为脊索连续，环索连续。该索穹顶结构平面为圆形，直径24m，矢高2.109m。屋面覆盖材料采用铝板和玻璃结合的刚性屋面。

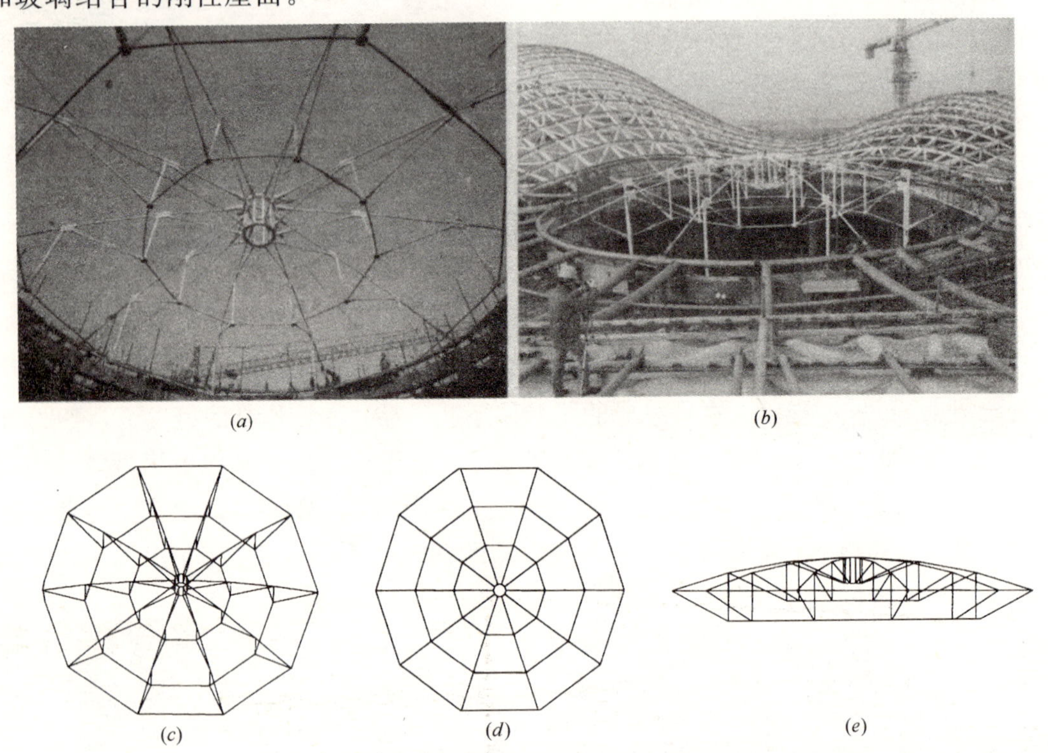

图1.2.2-37　无锡太湖国际高科技园区高科技交流中心索穹顶结构

(a) 实景；(b) 张拉成形；(c) 轴测图；(d) 平面图；(e) 立面图

(7) 多次杂交结构

预应力钢结构是由基本的刚构、索和撑杆三者构成的，如索网由承重索和稳定索构成；索桁架由承重索、稳定索和腹索（或腹杆）构成；索穹顶由上弦径向索、下弦径向索、环向索和撑杆构成；弦支穹顶由网壳、环向索、径向索和撑杆构成；张弦梁由上弦刚构、下弦索和撑杆构成；斜拉结构由刚构、斜拉索和桅杆（或塔柱）构成；预应力桁架由索和桁架构成；索拱结构由索和拱构成等等。

其中，索网、索桁架和索穹顶等结构均由纯索或索和杆构成，拉索及其预应力是结构形成的必要条件，即若无预应力或拉索，则结构无法存在，这类结构可称为张力结构。而张弦梁、弦支穹顶、斜拉结构、索拱和预应力桁架等都包含了刚构，即使结构中除去预应力或拉索，剩下的刚构仍能维持自身稳定，这类结构由刚构和一种类似的索杆系杂交而成，可称为一次杂交结构。而有些预应力钢结构由刚构和两种（或两种以上）类型的索杆系杂交而成，此类预应力结构称为二次或多次杂交结构。例如，中山大学珠海校区风雨操场钢屋盖（图 1.2.2-38），跨度 70m，倒三角形拱桁架，中部为张弦梁，两端为斜拉结构，是包含了桁架、张弦索杆系和斜拉索杆系的二次杂交结构，拉索采用钢绞线组装索；郑州国际会展中心钢屋盖（图 1.2.2-39），跨度 75m，为包含桁架、张弦索杆系和斜拉索杆系的二次杂交结构；辽宁营口体育馆（图 1.2.2-40），屋盖纵向总长 132m，横向总长 32m，由双层网壳、弦支穹顶索杆系和斜拉索杆系构成的二次杂交结构，桅杆高度 49.25m，单根桅杆上有 6 根拉索，网壳下有两环 Levy 索杆系。

(*a*)

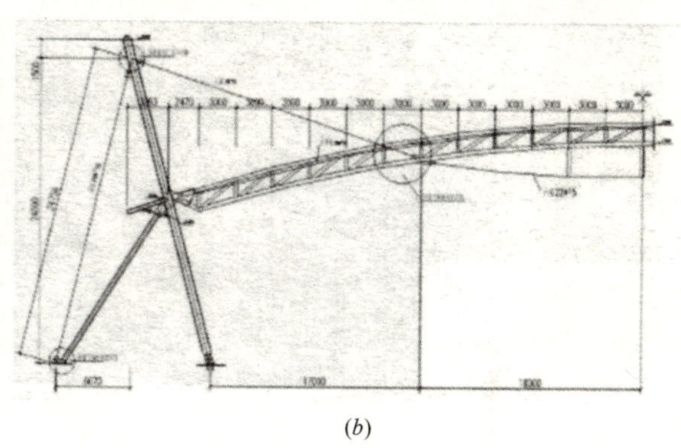

(*b*)

图 1.2.2-38 中山大学珠海校区风雨操场

(*a*) 现场施工照片；(*b*) 单榀立面图（1/2 跨）

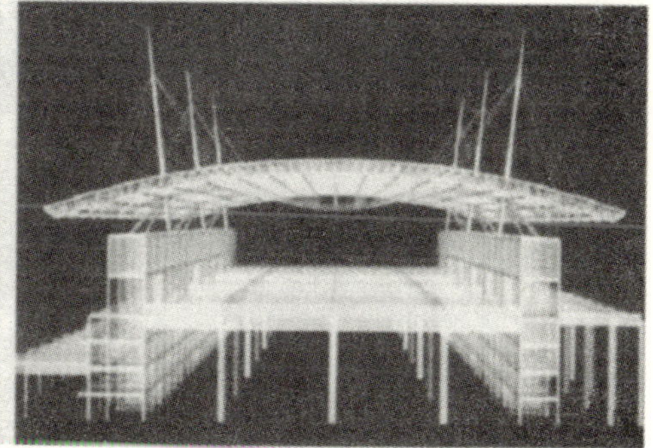

图 1.2.2-39 郑州国际会展中心

（8）特殊预应力钢结构

目前，预应力钢结构已广泛应用于公共建筑和工业建筑的大跨屋盖中，近来在高层和超高层建筑中也有所应用。

例如，437.5m 高的广州西塔—广州国际金融中心（图 1.2.2-41），在第 7、13、19、25、31、37、43、49、55、61、67、73、81、89 和 97 节点层采用体外预应力技术，于节点层钢管混凝土柱外侧设置闭合环状预应力索。每个节点层有上下两道预应力索环，每个预应力索环分为三段，由三个锁合器连接，最大拉索规格为 PES C7-199，最大张拉力为 5000kN。

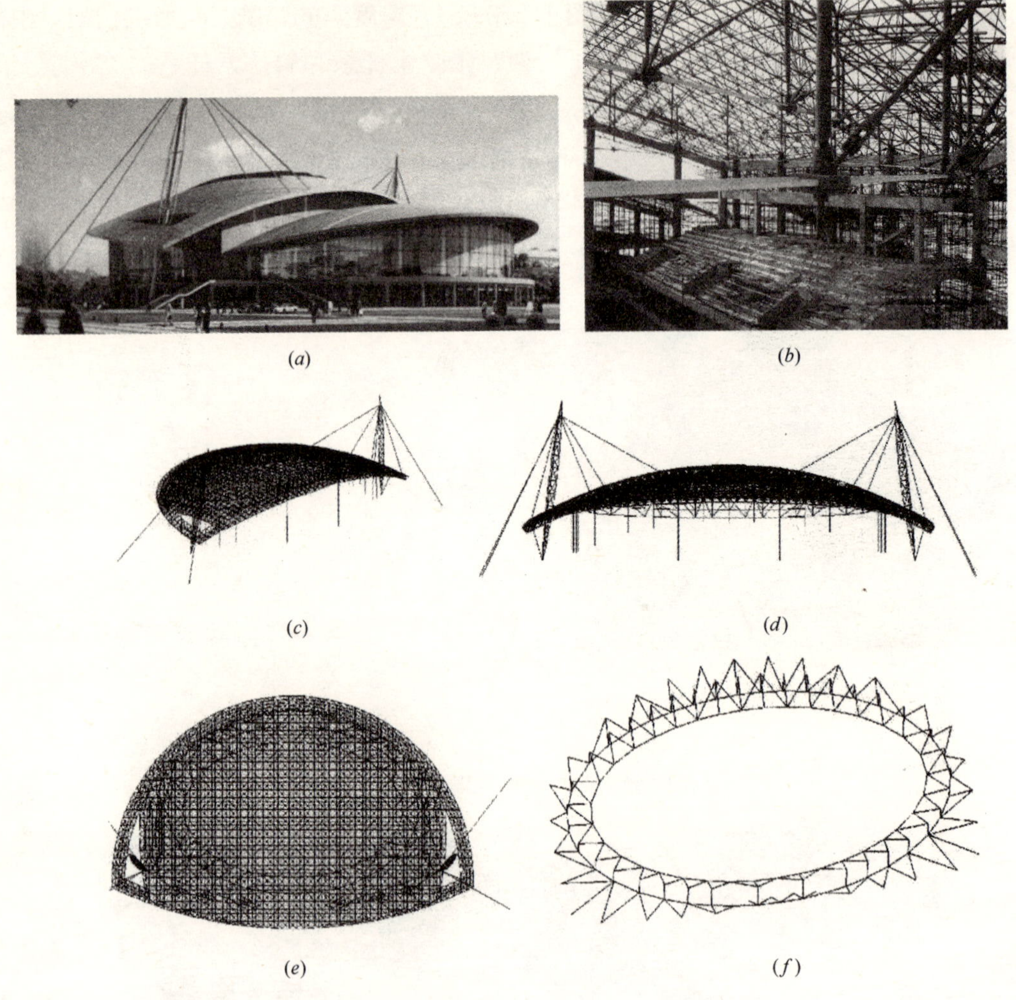

(a)　(b)

(c)　(d)

(e)　(f)

图 1.2.2-40　辽宁营口体育馆

(a) 外景；(b) 内景；(c) 整体结构三维图；

(d) 整体结构立面图；(e) 整体结构平面图；(f) 索杆系三维图

1.2.2.4　施工技术的发展

预应力钢结构施工技术，不仅仅是单纯的制作、安装和张拉工艺，而是系统的全过程的施工技术，具体表现在：分析和施工工艺的结合，节点、索头和张拉设备的结合，刚构和拉索施工的结合，从分析到制作、安装和张拉的全过程的施工控制。

1. 分析和施工工艺的结合

预应力钢结构的施工目的就是实现设计初始态，包括力（如索力、支座反力、刚构内力等）和形（如跨度、矢高、关键构件空间姿态等）的双重要求，显然这比一般的钢结构施工要求要高。理论上，在无误差的情况下，力和形是完全对应的，但实际施工中，由于施工条件的限制、施工误差的存在、经济和工期的约束等因素，难以做

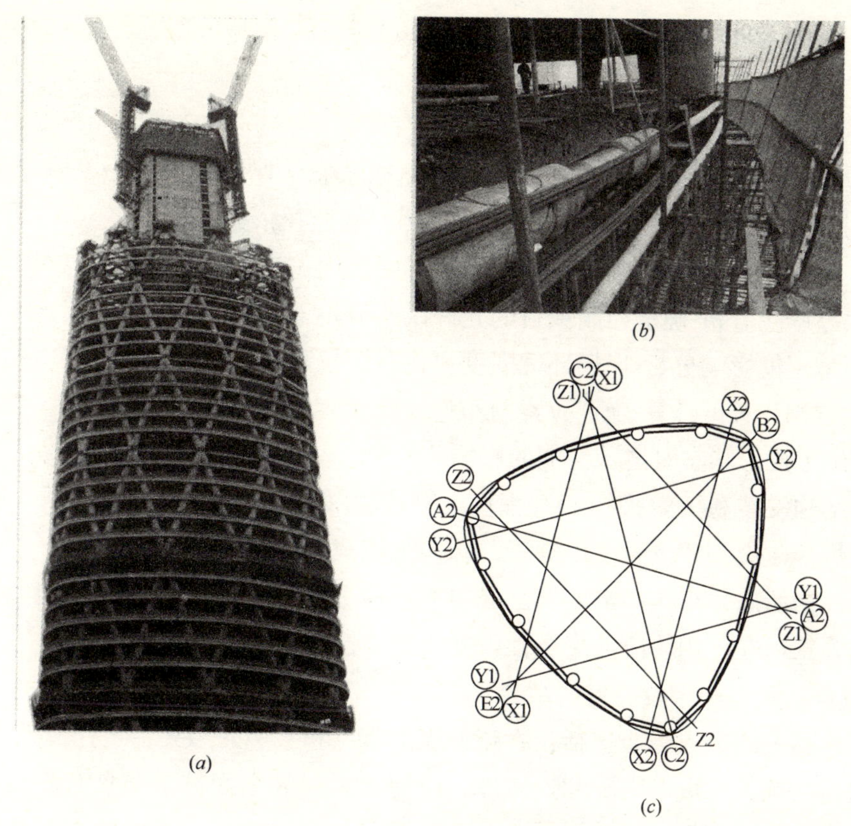

(*a*)

(*b*)

(*c*)

图 1.2.2-41 广州国际金融中心

(*a*) 工程全景；(*b*) 拉索施工；(*c*) 节点层拉索平面布置图

到力和形的完全统一。这就需要在正式施工前，应进行充分地分析，掌握结构特性，为施工提供必要的施工参数，从而在施工过程的各个环节进行有效、精确地控制，最终使结构成形符合设计意图，满足设计要求。

分析内容包括：结构性能分析、施工力学分析及施工成形状态对结构性能的影响分析。

（1）结构性能分析

掌握预应力钢结构的结构性能和拉索对结构性能的影响是预应力钢结构施工的前提，在对上述情况不了解的情况下盲目进行施工是非常危险的。

结构性能分析的目的是：合理优化预应力，掌握初始态和工作态下的结构状态和结构特点，特别是结构初始态，确定施工目标；掌握拉索对结构的主要作用和影响，为施工控制打下基础。

（2）施工力学分析

由于预应力钢结构的特殊性，需要对钢索进行张拉，因此预应力钢结构施工的各个环节，从制作、安装到张拉，都不同于普通的钢结构。预应力钢结构施工前，在掌握其结构性能后，还需进行详细的施工力学分析，以掌握关键施工阶段的结构状态，保证施工安全，制定和优化施工方案，提供施工参数和监控依据等，具体包括：

① 找力分析-确定模拟拉索张拉的等效预张力；

② 零状态找形分析-确定结构的拼装尺寸；

③ 施工过程分析-掌握关键施工阶段的结构状态，保证施工安全，制定和优化施工方案，提供施工参数（如拉索的施工张拉力）和监控依据等；

④ 张拉主控项目分析-确定张拉控制项目中最优先控制的主控项目；

⑤ 误差影响分析-确定控制项目的允许误差值；

⑥ 环境温度影响分析-现场环境温度变化对钢拉索施工的影响；

⑦ 拉索制作长度计算-确定拉索制作长度及相应的索长和张力。

（3）施工成形状态对结构性能的影响分析

由于结构安装和拉索张拉的过程性，刚构安装误差、索长误差、张拉索力误差，以及刚构焊接效应和环境温度影响等，结构施工成形状态（施工初始态）与施工目标状态（设计初始态）存在一定差异。必要时，应分析两者差异对结构性能的影响，以保证结构施工后在使用阶段的安全性，并为施工控制提供依据。

2. 节点、索头和张拉设备的结合

与拉索相关的节点主要包括：索端的连接节点和索中的索夹、索托节点。

索头包括锚具、可调装置和连接件。以钢丝束成品索为例，锚具有冷铸锚、热铸锚等；调节装置有套筒式、单螺杆式、双螺杆式和螺母式等；连接件有耳板式、螺杆式和锚栓式等。

张拉设备包括千斤顶系统和张拉工装，而千斤顶系统包括千斤顶、油泵、油压表和油管等；张拉工装包括千斤顶台座、工具拉杆及拉杆锚固装置等。

建筑形式和结构形式的多样性，决定了节点形式和索头形式的多样性。拉索张拉时，张拉设备与索头和节点连接在一起，拉索张拉最直接的要求就是在拉索中精确施加预定的张拉力，这就需要从建筑造型、精准加载、有效传力及构造尺寸、操作空间等多方面将节点、索头和张拉设备结合起来。例如，索头连接件直接决定了节点的形式和构造及张拉设备的选择，施工张拉力直接影响张拉设备和索头调节装置的选择，张拉设备中的拉杆锚固装置直接影响节点或索头连接件的构造尺寸等。

3. 刚构和拉索施工的结合

预应力钢结构是个有机的整体，通过拉索及其中的张拉力，形成结构和改善结构性能。拉索张拉后，结构预应力状态不仅是拉索的索力，还包括刚构内力和支座反力及结构位形等。设计初始态的要求是针对整个结构，而非仅仅针对拉索，因此，刚构和拉索施工须紧密结合，以实现最终的结构整体目标。

刚构和拉索施工的结合，具体体现在施工方案、全过程分析、相互施工误差影响等方面。

（1）施工方案

包括刚构安装方法和顺序、胎架支撑系统、支座条件、拉索安装和张拉的方法、顺序和时机等。两者施工项目穿插，流水作业。优良的施工方案，在保证施工质量的前提下，大大节省施工费用和工期。

（2）全过程分析

由于拉索不可能全部同时张拉，需要分批次张拉，为了考虑先后批次索力项目影响，须进行张拉过程分析。在许多工程中，并不是待所有的刚构均安装后再进行拉索张拉，而是单体结构的刚构拼装后就张拉该单体内的拉索，从而不仅存在单体结构内索力的相互影响，还存在相邻联系的单体结构之间状况的相互影响，因此，需进行包括刚构安装过程和拉索张拉过程的全过程分析。

（3）相互施工误差影响

由于成品索有限的索长调节量，刚构的安装误差直接影响到拉索的长度和线形，甚至难以挂索和精准施加张拉力。而拉索上索夹位置偏差和索力偏差，会影响刚构内力、支座反力和结构位形等，其中对结构位形的影响是最直接的，导致支座难以就位、增加后批刚构安装难度。

从分析到制作、安装和张拉的全过程的施工控制，设计初始态有力和形两方面的要求，因此施工控制目标就是设计初始态的力和形，具体包括：索力、刚构内力、支座反力和结构位形等。

为实现设计初始态，必须进行预应力钢结构的施工控制，并从分析开始，在制作、安装、张拉各施工工序进行控制。

① 结构性能分析—了解结构性能，掌握拉索的作用，确定各施工控制项目的目标值。

② 施工力学分析—掌握结构性能对各施工控制项目的敏感性，并根据施工方案，确定各控制项目偏差允许值；掌握各施工控制项目的相互影响，确定最优控制的主控项目（索力既不是唯一的施工控制项目，在许多工程中也不一定是主控项目）。

③ 制作—确定制作索长及其相应的索长张力，并根据可能的施工误差，确定合理的索长调节量。

④ 安装—根据索长制作误差，并结合现场实测刚构安装误差，调节索长和索夹安装位置等。

⑤ 张拉—根据分析得到的施工张拉力和主控项目允许偏差进行张拉，同时辅以相关位移、索力等监测。

1.2.3　超高层混凝土筒体结构

超高层混凝土框架—筒体和筒中筒结构中，为了解决预变形技术的难题，学者们集中在混凝土徐变方面研究，得出了徐变计算公式、徐变与时间的分析模型等研究成果，增加了对混凝土徐变的认识。

混凝土徐变是在持续荷载的作用下，混凝土结构的变形将随时间不断增长的现象，即徐变是依赖于荷载且与时间有关的一种非弹性性质的变形。

一般认为，混凝土在应力施加后的初始变形，主要由骨料和水泥砂浆的弹性变形和微裂缝少量发展所构成。徐变则主要是水泥凝胶体的塑性流（滑）动，以及骨料界面和砂浆内部微裂缝发展的结果。

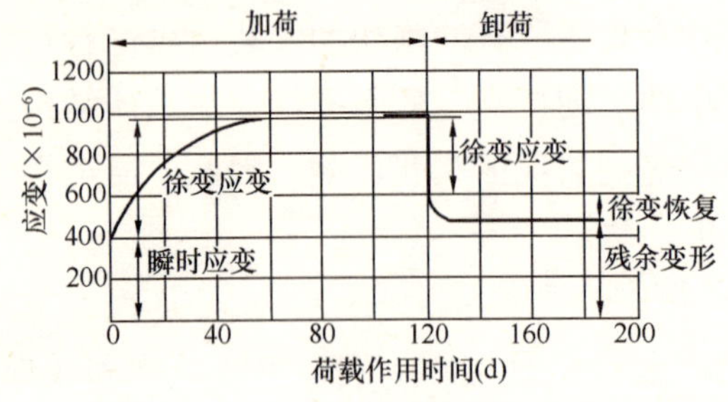

图 1.2.3-1 混凝土徐变-时间曲线

混凝土徐变随时间而增长，但增长率渐减，2～3 年后变化已不大，最终的收敛值称为极限徐变。一般徐变变形比瞬时弹性变形大 1～3 倍。因此，结构设计中徐变是一个不可忽略的重要因素（如图 1.2.3-1）。而对于高层建筑，混凝土的徐变效应是反映结构时变效应的重要方面，必须予以充分考虑。

人们最早在 20 世纪 30 年代就开始了针对徐变的系统研究。我国混凝土结构设计考虑徐变、收缩的影响，始于 20 世纪 50 年代预应力简支梁的预应力损失和上拱度计算。在 20 世纪 60 年代，对混凝土收缩、徐变性能进行了较系统的研究，提出了数学计算模式，建立了不必存储应力历史的徐变分析方程。1964 年劳远昌教授和张忠岳研究员等对超静定结构的徐变收缩进行了研究，但应用于实际结构是在 20 世纪 70 年代。到了 20 世纪 80 年代在理论基础上，提出了中值系数法。

在系列的实验研究基础上，对徐变的认识逐步深入，多种徐变函数模型被提出并在实践中不断被验证和修改。目前，广泛应用于工程实际的徐变模型有 CEB-FIP 模型(1993)、ACI209R 模型、BS5400 模型、B-P 模型等。叠加原理、老化理论、按龄期调整的修正模量法、老化系数等概念的提出和完善，到 20 世纪 70、80 年代，混凝土的徐变理论逐步由试验、理论走向在工程实际中应用。随着计算机和计算机基础上的有限元技术的发展和广泛应用，徐变的研究应用，从早期致力于公式简化、形成图表便于手工计算，转化为特性描述的公式化以便于利用计算机处理。也正是由于现代结构电算技术的发展，使得徐变的计算能包含更多的影响因素和条件，更接近试验的结果。在此基础上，周履等认为应力水平、加载龄期和加载持续时间对徐变的影响程度较大。赵宪忠根据国内有关试验资料推导了适合我国混凝土实际情况的指数形式的徐变表达式，计算结果和试验数据符合较好。

1.3 建筑结构施工预变形技术的必要性

复杂结构的施工过程是一个结构体系及其力学性态随施工进程非线性变化的复杂过程，是一个结构从小到大、从简单到复杂且体系和边界条件不断变化的成长过程。

施工过程中结构体系及其力学性态都在随施工过程发生变化，结构体系在每一阶段的施工过程中，都可能伴随有结构边界条件的变化（边界约束形式、位置及数量随时间变化）、结构体系的变化（结构拓扑及结构几何随时间变化）、结构施工环境温度的变化及预应力结构中预应力的动态变化等，其中包括结构响应中可能出现的几何非线性（如大位移、大转角，甚至有限应变）、边界条件的非线性（如随时间变化的接触边界条件）、材料非线性等现象。结构体系在每一施工阶段的力学性态（如内力和位移）必然会对下一施工阶段甚至所有后续施工阶段结构的力学性态产生影响。对于超高层建筑、带超大悬挑的复杂结构，考虑建造的施工过程与否，对结构构件的内力分布和最终状态有明显影响。

超高层建筑及复杂工程施工过程中会出现以下不利现象：①较大的竖向压缩变形，对楼层净高以及最终建成标高有不利影响；②竖向构件应力水平不同，以及不同材料的竖向构件之间，容易产生压缩变形差，从而造成楼面处于非水平状态；③混凝土徐变、收缩在不断开展，会使得变形随着时间进一步发展，可能对结构使用和结构安全性带来不利影响；④竖向变形差异的存在，不仅影响到施工质量，从设计的角度上看，竖向变形差异还会在水平构件中产生附加内力，影响结构安全。

通过预变形技术，可确定出结构加工预调值和施工安装预调值。按照新的施工安装预调值对加工预调后的构件进行施工，可使得建成的结构在指定荷载状态下达到设计目标位形，避免超高层建筑因竖向压缩变形以及差异压缩变形而导致的层高偏差或楼面非水平状态。

2 建筑结构施工预变形控制技术

2.1 预变形基本概念

通常，普通建筑物在建造施工完成后的实际位形与建筑的设计位形之间会存在一定差别。为了使结构施工完成后，结构位形在重力荷载作用下控制在建筑和结构设计要求范围内，需要在施工阶段对构件的加工尺寸以及结构的安装位置进行一定的调整，即称为结构施工阶段的预变形。结构施工阶段的预变形分析是指根据建筑结构的设计参数，通过数值模拟计算寻找结构施工的初始位形、各施工分步阶段的结构位形及其相应的施工预变形，使得在采用既定施工方案、建造次序以及构件预变形等措施后，建成结构的实际位形满足设计目标和要求。

同一结构采用不同的施工方案，其变形预调值的设置方案不同，且不同的设置方案计算的方法也不同。目前，对结构施工过程模拟分析方法的研究集中在桥梁和张拉结构方面，其中，在桥梁建设过程中采用前进分析法和倒退分析法确定桥梁施工的各理想状态，张拉结构体系的分析方法主要有支座位移法、力密度法、动力松弛法和有限单元法等。而对大跨度等刚性结构施工过程变形预调值计算方法的研究较少。

大型复杂结构施工关键是要考虑施工过程中结构自重、装修、机电设备等荷载作用所产生的变形，使结构竣工验收时达到建筑师所期望的建筑结构终了位形，必须在施工过程中考虑预变形。结构的位形分为设计位形、初始位形、一次成型位形和分步成型位形。

设计位形：建筑结构施工图给出的几何位形，考虑了施工过程中结构自重、装修、机电设备等荷载作用产生的变形，是建筑竣工验收所要求达到的状态。

初始位形：施工第一步构件的安装位形。不考虑结构的施工预变形时，结构的施工初始位形即为设计位形。设计位形作为目标位形反复迭代可得到设置变形预调值后结构施工的初始位形，同时可获得各构件加工和安装位形。

一次成型位形：数值模拟分析中结构一次成型且荷载一次施加分析所得到的位形，未考虑施工过程的影响。一次成型位形与采用满堂脚手架施工法获得的结构成型位形一致。

分步成型位形：数值模拟分析中构件按照施工步骤依次建立加载分析所得到的位形，考虑了施工过程的影响。分步成型位形往往与一次成型位形存在一定的偏差。根据设计位形进行构件加工，设计位形作为结构安装的初始位形，分步成型位形与设计位形亦存在一定偏差，而设置变形预调值后的分步成型位形才与设计位形吻合。

2.2　预变形分析方法及计算原理

2.2.1　预变形分析方法

目前，进行施工预变形分析的理论方法有一般迭代法、正装迭代法、倒拆迭代法和分阶段综合迭代法。

（1）一般迭代法

目前，钢结构施工预变形分析的计算方法主要为一般迭代法，其基本思想是：一般情况下，把结构在自重及附加恒荷载作用下的变形值，反号叠加到设计位形上，可得到初始位形，即构件加工和安装的变形，进而可获得变形预调值。但因非线性等因素的影响，该预调值只是近似的数值，需通过反复迭代来确定满足误差要求的预调值。

（2）正装迭代法

设计位形作为安装的初始位形，按照实际施工方案对结构进行全过程正序跟踪分析，得到施工成型时的变形，把该变形反号叠加到设计位形上，即为初始位形。类似一般迭代法，若结构非线性较强，基于该初始位形施工成型的位形将不满足设计要求，需要经过多次正装分析反复设置变形预调值才能得到精确的初始位形和各分布位形，进而确定构件的加工预调值和安装预调值。正装法可以考虑非线性、混凝土徐变等因素的影响，计算精度高。

（3）倒拆迭代法

与正装法不同，倒拆法是对施工过程的逆序分析，主要是分析所拆除的构件对剩余结构变形和内力的影响。分析过程中，在每一步的分析中可考虑非线性的影响，而总的内力和变形采用叠加的方法进行求解。这种方法主要是考虑到先拆除的结构荷载不会被传递到后续施工步的结构上。缺点是每一步都需要迭代计算，计算量大。

（4）分阶段综合迭代法

一般迭代法只能计算设置临时支撑的施工过程的结构变形预调值，正装迭代法和倒拆迭代法可以计算任意施工方法下结构的变形预调值。但是若结构的体型复杂、杆件量大时，采用正装迭代法可能会出现“死”单元漂移过大或发生畸变而导致算法不收敛，而采用倒拆法虽然可以避免这些问题，但由于每个施工步都要进行迭代，计算量和工作量均非常大。分阶段综合迭代法的基本思想为：充分利用正装法和倒拆法的优点，把两者结合起来对结构的变形进行分析，从而确定结构施工的变形预调值。部分结构刚度大，非线性影响弱，变形不大，此时可用正装迭代法；而另一部分结构刚度弱，非线性影响和变形都很大，采用正装法不易收敛，故采用倒拆迭代法。该方法可以计及几何非线性等因素的影响，计算精度高；可避免因“死”单元飘移过大而导致算法不收敛的问题，计算量和后处理的工作量小，实用性强。

2.2.2 预变形分析方法的计算原理

目前大跨度复杂结构多为空间杆系结构，可采用非线性有限杆单元和梁单元理论对其进行分析，结构预变形分析技术就是采用两种有限单元理论对结构进行变形分析，配合合适的预变形迭代分析策略，在理论上实现结构的变形控制。

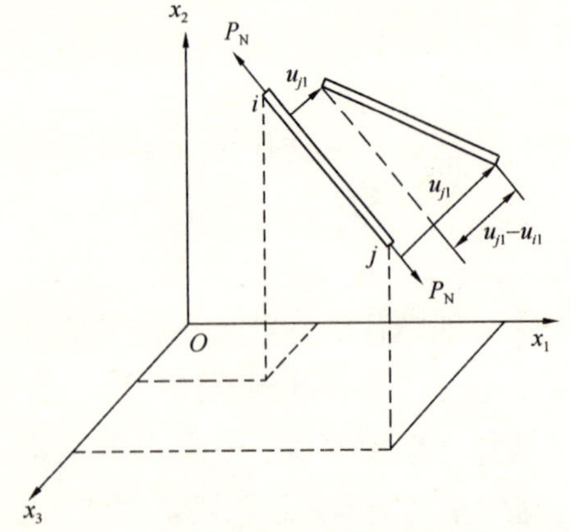

图 2.2.2-1 杆单元整体坐标系和局部坐标系

(1) 非线性有限杆单元理论

非线性有限杆单元符合以下基本假定：

1) 节点为理想铰接节点，杆单元只承受轴向力；

2) 杆单元的应力-应变关系符合虎克定律，材料为理想弹性体；

3) 杆单元位移变形为大位移小应变。

杆单元整体坐标系和局部坐标系如图 2.2.2-1 所示，单元的坐标向量为 $\{x\}=\{x_i,x_j\}^T$，节点坐标向量为 $\{x_i\}^T=\{x_{i1},x_{i2},x_{i3}\}^T,\{x_j\}^T=\{x_{j1},x_{j2},x_{j3}\}^T$，单元在局部坐标系中单元节点的位移向量 $\{u_e\}^T=\{u_i,u_j\}^T$，单元长度 $L=\sqrt{(x_{j1}-x_{i1})^2+x_{j2}-x_{i2})^2+\{x_{j3}-x_{i3})^2}$，单元在当前位置的方向余弦 $c^T=\frac{1}{L}\{(x_{j1}-x_{i1}),(x_{j2}-x_{i2}),(x_{j3}-x_{i3})\}=\{l,m,n\}$，单元中任一点沿 X_i 位移可表示为：

$$u_i=\left(1-\frac{\xi}{L}\right)u_i^1+\frac{\xi}{L}u_i^2 \tag{2.2.2-1}$$

上式中，ξ 为局部坐标系；u_i^k 为 k 节点沿 X_i 方向的位移。

结构非线性分析中最常采用的坐标列式是 TL（Total）和 UL（Updata Lagrange）两类。TL 方法适用于大位移、大转角和弹性大应变情况，UL 方法适用于大位移、大转角和塑性大应变情况，以下为 UL 方法坐标列式。

根据虚功原理可得局部坐标系中 $\Omega^{(n+1)}$ 单元的平衡方程为：

$$[[k_0]+[k_\sigma]]^{(n)}\{\Delta u\}=\{f\}^{(n+1)}-\{f_R\}^{(n)}$$

或

$$[k]^{(n)}\{\Delta u\}=\{f\}^{(n+1)}-\{f_R\}^{(n)} \tag{2.2.2-2}$$

其中 $[k_0]$ 为单元在局部坐标系中的线刚度矩阵，仅取决于所定义状态 $\Omega^{(n)}$ 的几何及体积且

$$[k_0]=\frac{EA}{L}\begin{bmatrix} l^2 & lm & ln & -l^2 & -lm & -ln \\ lm & m^2 & mn & -lm & -m^2 & -mn \\ ln & mn & n^2 & -ln & -mn & -n^2 \\ -l^2 & -lm & -ln & l^2 & lm & ln \\ -lm & -m^2 & -mn & lm & m^2 & mn \\ -ln & -mn & -n^2 & ln & mn & n^2 \end{bmatrix} \tag{2.2.2-3}$$

$[k_0]$ 为单元在局部坐标系中的应力非线性刚度矩阵，取决于 $\Omega^{(n)}$ 状态的应力值，且

$$[k_0]=\sigma A/L\begin{bmatrix} 1 & 0 & 0 & -1 & 0 & 0 \\ 0 & 1 & 0 & 0 & -1 & 0 \\ 0 & 0 & 1 & 0 & 0 & -1 \\ -1 & 0 & 0 & 1 & 0 & 0 \\ 0 & -1 & 0 & 0 & 1 & 0 \\ 0 & 0 & -1 & 0 & 0 & 1 \end{bmatrix} \tag{2.2.2-4}$$

$\{f_R\}^{(n)}$ 为 $\Omega^{(n)}$ 状态时内力效应产生的节点力矢量，且

$$\{f_R\}^{(n)}=\alpha\sigma A\ [-l,-m,-n,l,m,n]^T \tag{2.2.2-5}$$

$\{f_R\}^{(n+1)}$ 为所求 $\Omega^{(n+1)}$ 状态的外部效应所产生的节点力矢量。对于小应变问题，上式中 $\alpha\approx1$。但是对于大应变问题近似取 $\alpha=1$ 会导致一定的误差。

得到了单元刚度矩阵后经过坐标转换即可装配成结构的总刚度矩阵，从而得到结构在整体坐标系下的有限单元方程组

$$[[K_0]+[K_\sigma]]^{(n)}\ \{\Delta U\}=\{F\}^{(n+1)}-\{F_R\}^{(n)}$$

或

$$[K]^{(n)}\ \{\Delta U\}=\{F\}^{(n+1)}-\{F_R\}^{(n)} \tag{2.2.2-6}$$

（2）非线性有限梁单元理论

非线性有限梁单元符合以下基本假定：

1）单元初始形状为一直线，截面沿杆长不变；

2）单元的应力-应变关系符合虎克定律；

3）单元位移变形为大位移小应变；

4）单元变形后仍服从平截面假定；

5）不考虑单元剪切和翘曲变形。

图 2.2.2-2 表示了一个梁元变形过程中三个典型时刻的构形。整个结构的全局坐标系是固定不变的直角坐标系，单个梁元的局部坐标系始终与固定于梁上的主惯性坐标系重合。采用下面三个假设：

① 假定应力分量 σ_s，σ_t，τ_{st} 与其他应力分量相比可以忽略不计，从而可令 $\sigma_s=\sigma_t=\tau_{st}=0$，于是则有 $\sigma_r=Ee_{rr}\tau_{rs}=2Ge_{rs}\ \tau_{rt}=2Ge_{rt}$。

② 假定弯曲前垂直于形心轨迹的横截面仍为平面，并且在它们的平面内没有经受

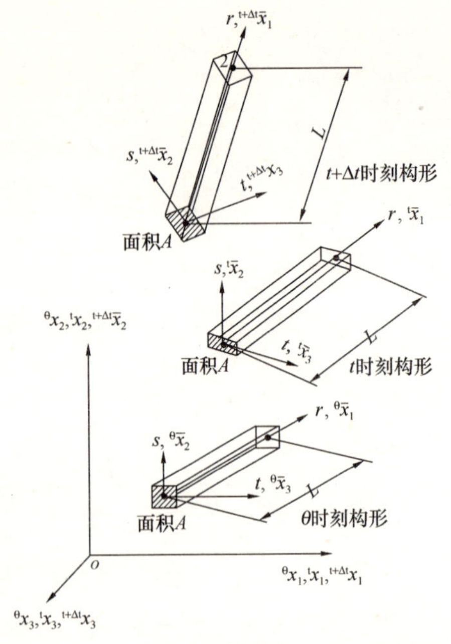

图 2.2.2-2 梁单元整体坐标系和局部坐标系

应变，但它们不再垂直于变了形的形心轨迹，也即考虑剪切变形的影响。单元可经历大位移、大转角，但假定为小变形。因此，单元的截面积和长度保持不变。梁单元整体坐标系和局部坐标系如图 2.2.2-2 所示。

③ 假定梁单元轴向位移是线性插值（Lagrange 插值），两个方向的横向位移均为 Hermit 插值，用 u_r、u_s、u_t 表示梁中性轴上的点沿局部坐标轴（r、s、t）平动位移，θ_r、θ_s、θ_t、表示其相应的转角位移，则单元的位移函数为：

$$u_r = \left(1-\frac{x}{L}\right)u_r^1 + \frac{x}{L}u_r^2$$
$$u_s = a_0 + a_1x + a_2x^2 + a_3x^3$$
$$u_t = b_0 + b_1x + b_2x^2 + b_3x^3$$

(2.2.2-7)

考虑边界条件：

$$x=0: u_s|_{x=0} = u_s^1\ u_s'|_{x=0} = \theta_t^1; x=L: u_s|_{x=L} = u_s^2\ u_s'|_{x=L} = \theta_t^2$$
$$x=0: u_t|_{x=0} = u_t^1\ u_t'|_{x=0} = \theta_s^1; x=L: u_t|_{x=L} = u_t^2\ u_t'|_{x=L} = \theta_s^2$$

(2.2.2-8)

由以上两式可以得出 $[u_r\ u_s\ u_t\ \theta_r\ \theta_s\ \theta_t]^T$ 矩阵表达式。

截面上任意点位移表示仍旧采用梁的小变形理论，梁截面上任一点 P 的位移（u、v、w）用中性轴位移表示为：

$$[u\quad v\quad w] = \begin{bmatrix} 1 & 0 & 0 & 0 & z & -y \\ 0 & 1 & 0 & -z & 0 & 0 \\ 0 & 0 & 1 & y & 0 & 0 \end{bmatrix}[u_r\quad u_s\quad u_l\quad \theta_r\quad \theta_s\quad \theta_l]^T$$

(2.2.2-9)

UL 法的增量，总是指由到 $t+\Delta t$ 这一加载步内的增量，且以时刻 t 为参考来度量，因此可不作任何标一记。例如 μ_i 是以 t 时刻为参考度量的位移增量。不难理解，以 t 时刻为度量参考时：

$${}^{t}\mu_i = {}_{t}^{t}\mu_i = 0 \qquad (2.2.2\text{-}10)$$

该式使许多公式得到简化，这正是 UL 法的优点之一。例如 $t+\Delta t$ 时刻的位移就是位移增量：

$${}^{t+\Delta t}\mu_i = {}^{t}\mu_i + \mu_i = \mu_i \qquad (2.2.2\text{-}11)$$

由前面假设，梁可看作是一维结构，因此假定梁中任一质点位移都用广义位移——形心主惯性轴的位移与转角来描述。利用这种广义位移与质点位移的关系，可由虚功增量方程导得广义应力应变增量的平衡方程。

图 2.2.2-3 所示的梁正好处于 t 时刻。主惯性坐标系 rst 取为局部坐标系。因为 t 时刻到 $t+\Delta t$ 时刻的变形仍可视为小变形，所以以 t 时刻为参考的位移增量与广义位移增量之间的关系仍可借用经典小变形理论的平截面假定与直法线假定。设梁的广义位移增量 $\{U\}$ 为：

$$\{U\}^T = \{U_r、U_s、U_t、\varphi_r、\varphi_s、\varphi_t\} \quad (2.2.2\text{-}12)$$

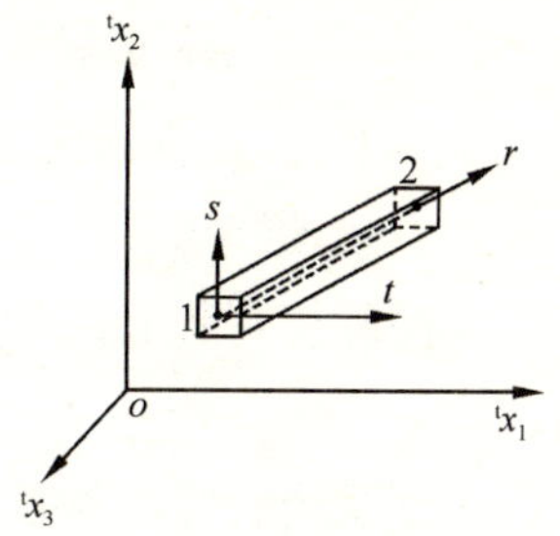

图 2.2.2-3 t 时刻的梁单元

式中前三个分量是轴向位移，后三个分量是绕轴的转角，它们都仅是坐标的一元函数，且以坐标轴正向为正。梁截面 A 上任一点 p（r、s、t）的位移记为 $\{\mu\}^T=\{\mu_r、\mu_s、\mu_t\}$，由梁的小变形理论可得：

$$\begin{aligned} u_r &= U_r + t\phi_s - s\phi_t \\ u_s &= U_s - t\phi_r \\ u_t &= U_s + s\phi_t \end{aligned} \quad (2.2.2\text{-}13)$$

式中包括了梁的弯曲、拉压与扭转近似为圆轴扭转变形。考虑格林应变增量与位移增量之间的关系矩阵，UL 格式下，格林应变的一般格式为：

$$ {}_0^t\varepsilon_{ij} = \frac{1}{2}({}_0^t u_{ij} + {}_0^t u_{ji} + {}_0^t u_{ki}\ {}_0^t u_{kj}) \quad (2.2.2\text{-}14)$$

由式（2.2.2-13）可以计算格林应变的线性部分，它只有三个不为零的分量：

$$\begin{aligned} e_{rr} &= U'_r + t\phi'_s - s\phi'_t \\ e_{rs} &= e_{sr} = (-\phi_t + U'_s - t\phi'_r)/2 \\ e_{rt} &= e_{tr} = (\phi_t + U'_s - s\phi'_r)/2 \end{aligned} \quad (2.2.2\text{-}15)$$

非线性部分也有三个分量：

$$\begin{aligned} \eta_{rr} &= \frac{1}{2}[(U'_r)^2 + (U'_s)^2 + (U'_t)^2 + (t\phi'_s - s\phi'_t)^2 + (t\phi'_r)^2 \\ &\quad + (s\phi'_r)^2]'_r + U'_r(t\phi'_s - s\phi'_t) - U'_s t\phi'_r + U'_t s\phi'_r \\ \eta_{rs} &= \eta_{sr} = \frac{1}{2}[-U'_r\phi_t + (s\phi'_t - t\phi'_s)\phi_t + (U'_t + s\phi'_r)\phi_r] \\ \eta_{rt} &= \eta_{tr} = \frac{1}{2}[-U'_r\phi_s + (t\phi'_s - s\phi'_t)\phi_s - (U'_s + t\phi'_r)\phi_r] \end{aligned} \quad (2.2.2\text{-}16)$$

2.3 施工预变形分析技术

2.3.1 明确概念

1. 设计目标位形

结构位形总是与荷载状态是一一相对应的，且结构形态会受到与时间关联因素（如混凝土收缩、混凝土徐变）的影响。因此，确定施工模拟的目标位形时也需指定荷载状态，必要时，还需指定时间节点。

2. 钢构件加工预调值与施工安装预调值

施工安装预调值：每个施工步内外柱吊装时，构件顶点标高是关键；该构件顶点施工安装控制标高与扣除地基均匀沉降影响后的设计目标标高的差值称为施工安装预调值。

加工预调值：竖向构件在加工过程中需要有针对性的调整构件的加工长度，以避免构件标高施工预调而导致的"焊缝过大"或"构件偏长无法安装到指定标高"的弊端。加工预调值主要针对钢构件而言；对于混凝土结构而言，则对混凝土支护模板尺寸有些许影响。

第 i 节的柱顶施工安装预调值以及第 i 节柱的加工预调值的定义见图 2.3.1-1。施工预调值以柱顶加高为正，钢结构加工预调值以柱长增加为正。第 i 节柱加工预调值 $=i$ 节柱施工预调值$-$（$i-1$）节柱施工预调值$+$（$i-1$）节施工段自重引起下部结构（含自身）已产生的 z 向变形。

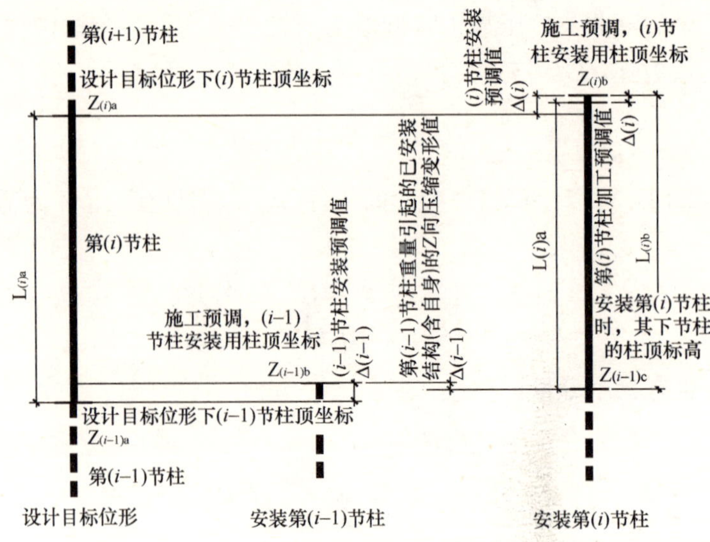

图 2.3.1-1　施工安装预调值及加工预调值的定义图

2.3.2　预变形分析的步骤

进行结构预变形分析的步骤为：

第一步：采用结构设计位形(假定为 $\{v\}^0$)建立计算模型，以及确定的施工方案，按前文方法进行整体结构施工建造的第一次模拟分析，得到结构的一个变形状态(如图 2.3.2-1，假定该变形位形为 $\{v\}^0+\Delta\{v\}^1$)，显然该变形状态与结构设计位形之间存在差距 $\Delta\{v\}^1$。

第二步：以 $\Delta\{v\}^1$ 作为结构施工预调值，反向施加到结构初始位形 $\{v\}^0$ 上，进而得到结构第一次迭代后结构的初始位形 $\{v\}^1$(此时 $\{v\}^1=\{v\}^0-\Delta\{v\}^1$)。

第三步：在第一次迭代后结构初始位形$\{v\}^1$基础上，采用相同的施工方案，按前文方法进行整体结构施工建造的第二次模拟分析。此时，若结构的非线性程度弱，则在此位形上施加荷载q，结构在荷载作用的位形将十分逼近结构设计位形$\{v\}^0$，即此时位形与设计位形的误差$\Delta\{v\}^2\approx 0$。

若结构的非线性程度较强，则再次加载后的结构位形与结构设计位形仍会有较大差距(记为$\Delta\{v\}^2$)，说明此时需要进行多次迭代计算。

第四步：将$\Delta\{v\}^2$作为结构施工预调值，反向施加到上一次迭代时结构的初始位形$\{v\}^1$并得到本次迭代结构的初始位形$\{v\}^2$，并再次进行整体结构施工建造模拟分析。如此反复，直至n次迭代加载后计算得到的结构位形与设计位形的误差$\Delta\{v\}^n$满足要求时，此时本迭代步加载之前的结构初始位形$\{v\}^n$即为结构施工的初始位形。

上述迭代过程见图 2.3.2-1，进行预变形分析的流程见图 2.3.2-2。

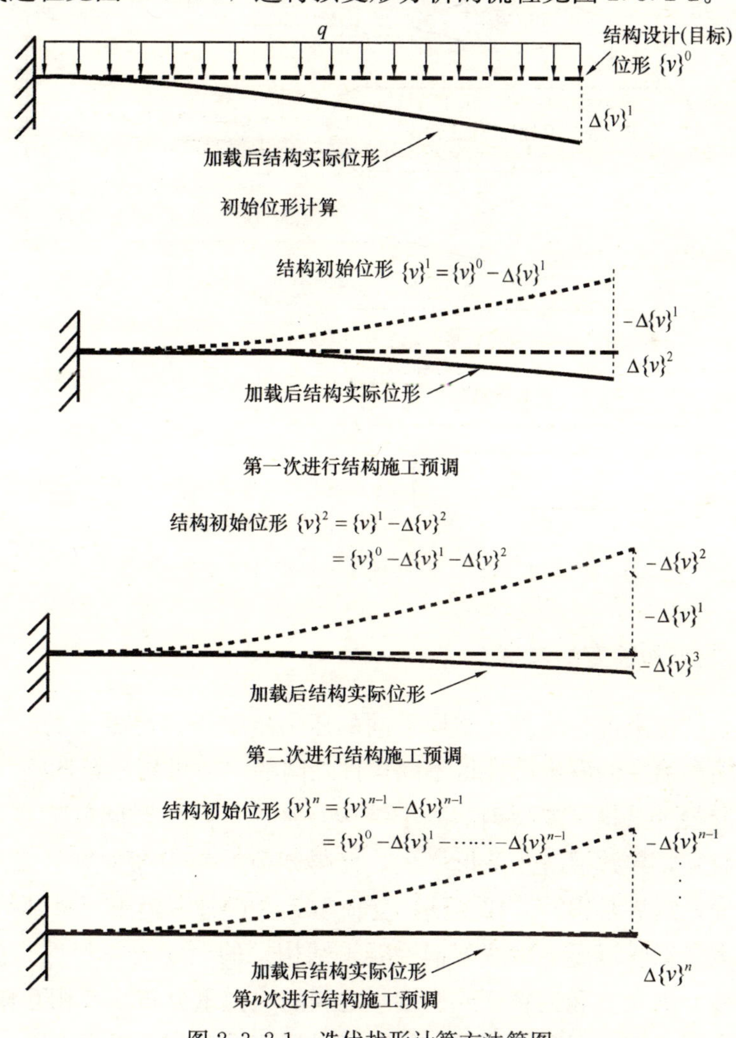

图 2.3.2-1　迭代找形计算方法简图

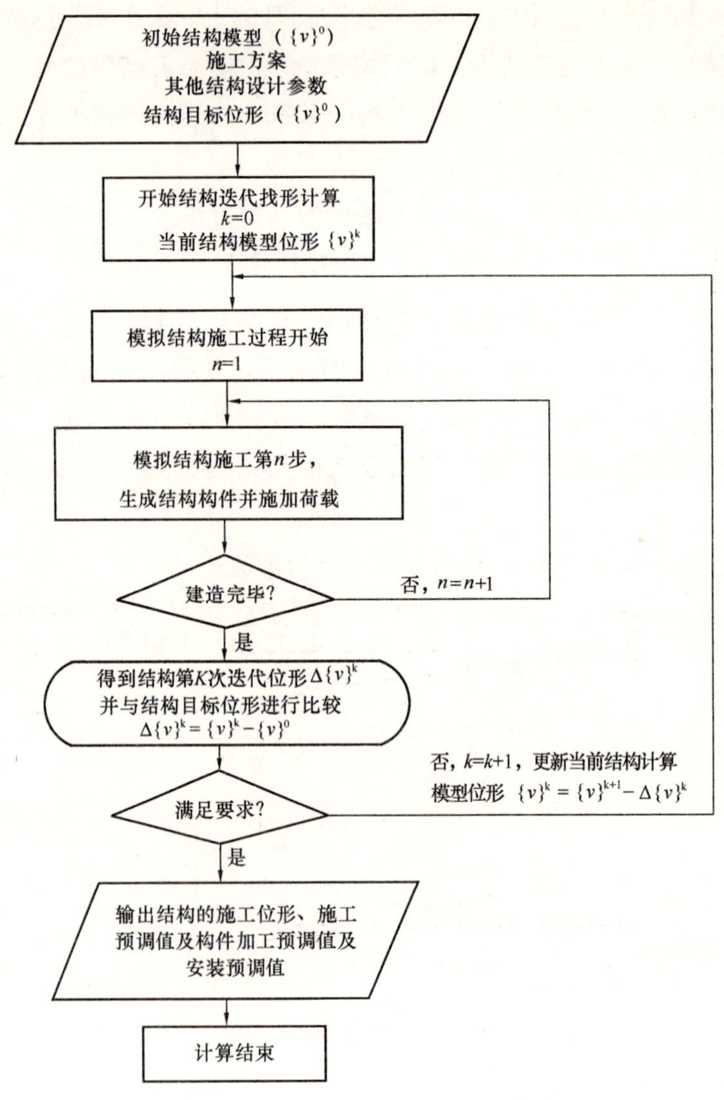

图 2.3.2-2　结构预变形分析基本流程

2.3.3　混凝土收缩和徐变的考虑

对于混凝土结构来说：混凝土结构不同的压力水平下，混凝土的收缩和徐变值不同，混凝土收缩和徐变的发生会使得不同构件之间的内力出现小幅调整。

对于钢管混凝土结构（或型钢混凝土结构）来说，随着时间的推移，核心混凝土会发生徐变和收缩，导致混凝土变形增大，使得载荷及应力在钢管（或型钢）和混凝土之间重新分配，结果是钢管（或型钢）受荷增大，钢管混凝土（或型钢混凝土结构）总变形也在增大。钢管混凝土（或型钢混凝土结构）的徐变收缩特性是由混凝土的徐变收缩特性与核心混凝土和钢管（或型钢）之间的应力重分布两者相互作用的结果。

对一些超高层建筑，混凝土收缩和徐变有时还可采用简化考虑思路：

（1）分析软件采用SAP2000。在原模型中选取一榀典型的结构进行计算分析，得到混凝土收缩和徐变对施工预调值和加工预调值的影响规律。

（2）单榀简化模型计算分析后，进行分析，找出规律，考虑混凝土收缩和徐变后引起的安装预调值和加工预调值的放大倍数。

（3）对于超高层建筑结构平面相对比较规则，可将（2）中结论推广到全楼，内外柱钢结构施工安装预调值、钢结构加工预调值按（分析的放大倍数×不考虑混凝土收缩徐变及不考虑地基沉降影响的预调值）进行取值，以考虑混凝土收缩徐变的影响因素。

混凝土徐变和收缩总是同时发生的，并导致结构构件变形增大以及构件应力的重新分配；但两者之间又存在本质的区别，徐变与混凝土构件的应力水平密切相关，而收缩则与应力水平无关。考虑混凝土收缩和徐变后，尽管内外柱不同分段施工安装预调值的放大倍数不完全相等，但总体来看，除上部数个分段外，安装预调值放大倍数均在1.5附近（图2.3.3-1）。

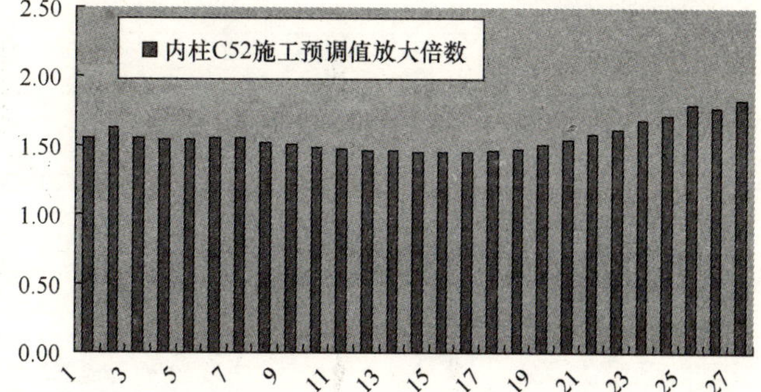

图2.3.3-1　安装预调值放大倍数

（考虑混凝土收缩徐变后）

2.3.4　预变形分析所需的基本材料

（1）结构施工图。

（2）岩土工程勘察报告。

（3）试桩报告。

（4）建立结构电算模型。

（5）施工提供的《施工进度计划表》、施工过程荷载。

（6）结构设计人员所需某一荷载状态下的结构目标位形。

（7）详细的施工组织计划：

为真实反映施工建造过程，需有施工方提供详细的施工组织计划，组织计划中应包括主体结构的建造过程、施工荷载状态，以及幕墙、机电及室内装修的进度情况，其中主体结构的建造过程是关键。

以天津津塔项目为例，本工程中核心筒超前施工，钢板剪力墙落后于上部结构15层进行安装、伸臂桁架和外圈柱同时安装。津塔的较详细的施工组织计划表见表2.3.4-1。

（8）精确的分析模型：

①为适应计算设备，在满足工程精度的情况下，计算分析模型通常采用梁元（梁、

柱、斜撑）、杆元（铰接杆）、壳元（混凝土楼板、混凝土剪力墙、钢板剪力墙等）等三种进行模拟。

津塔施工组织计划　　表 2.3.4-1

序号	时间点	吊装		焊接		柱内灌混凝土、浇混凝土板	钢板墙焊接	幕墙	机电	装修
		核心筒	外框筒	核心筒	外框筒					
1	2008-8-28	B4/T1	B4/T1							
2	2008-9-21	B1/T2		B1/T2						
3	2008-9-30	L2/T3								
4	2008-10-21	L5/T4	B1/T2							
5	2008-11-9	L8/T5	L2/T3	L2/T3	B1/T2					
6	2008-11-28	L12/T6	L5/T4	L5/T4	L2/T3					
7	2008-12-18	L15/T7	L8/T5	L8/T5	L5/T4	B1/T2				
8	2009-1-6	L18/T8	L12/T6	L12/T6	L8/T5	L2/T3				
9	2009-2-2	L21/T9	L15/T7	L15/T7	L12/T6	L5/T4				
10	2009-2-21	L24/T10	L18/T8	L18/T8	L15/T7	L8/T5				
11	2009-3-12	L27/T11	L21/T9	L21/T9	L18/T8	L12/T6				
12	2009-4-1	L30/T12	L24/T10	L24/T10	L21/T9					
13	2009-4-20	L33/T13	L27/T11	L27/T11	L24/T10	L15/T7				
14	2009-5-1					L18/T8	B4/T1			
15	5009-5-14	L36/T14	L30/T12	L30/T12	L27/T11				L1	L1
16	2009-5-22					L21/T9	B1/T2			
17	2009-6-2	L39/T15	L33/T13	L33/T13	L30/T12			L3		
18	2009-6-12					L24/T10				
19	2009-6-21	L43/T16	L36/T14	L36/T14	L33/T13					
20	2009-6-27					L27/T11	L12/T6			
21	2009-7-1	L45/T17	L39/T15	L39/T15	L36/T14					
22	2009-7-24					L30/T12		L15		
23	2009-7-30	L48/T18	L43/T16	L43/T16	L39/T15					
24	2009-8-14					L33/T13			L16	L16
25	2009-8-23	L51/T19	L45/T17	L45/T17	L43/T16					
26	2009-9-4					L36/T14				

②计算模型中的施工步划分应能准确反映施工工程对结构构件内力的影响。

例如天津津塔项目：根据施工方提供的施工方案，并结合计算分析的需要，施工模拟计算共分为 48 步，整个结构模型逐步激活，构件在不同荷载步激活对象各不相同，在施工步 10，20，30，40 下，激活构件分别如图 2.3.4-1～图 2.3.4-4 所示。

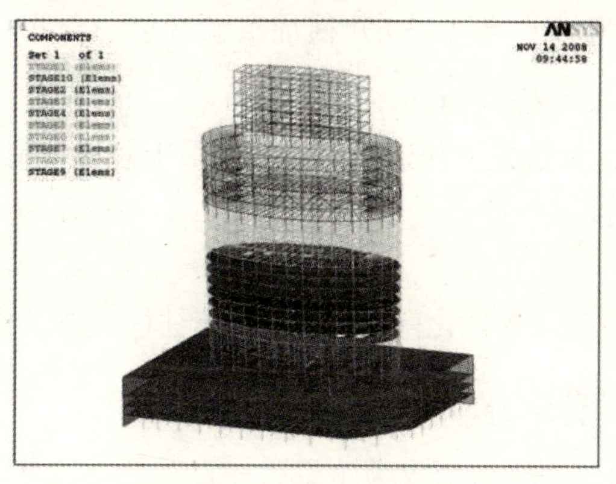

图 2.3.4-1　激活至第 10 施工步

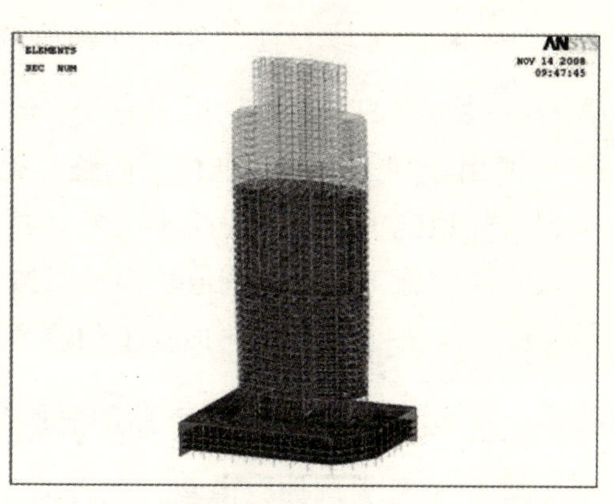

图 2.3.4-2　激活至第 20 施工步

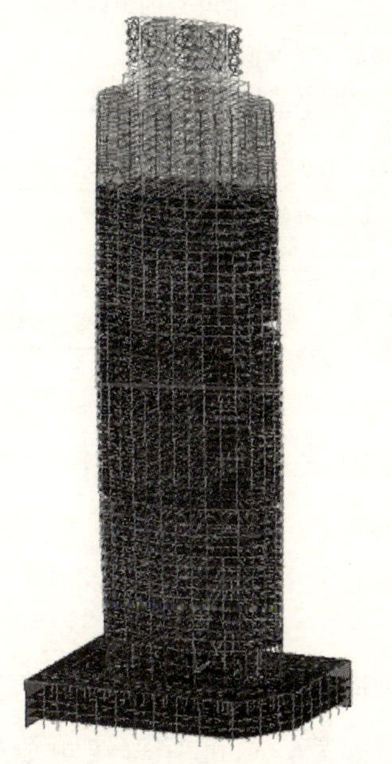

图 2.3.4-3　激活至第 30 施工步

图 2.3.4-4　激活至第 40 施工步

2.3.5　钢结构施工安装预调值简化建议

钢结构施工变形预调值包括构件的加工预调值和安装预调值。构件的加工预调值为构件的加工长度与设计长度的差值，用来补偿施工过程中构件的轴向压缩或拉伸所产生的变形。构件的安装变形预调值为构件节点的安装坐标与设计坐标的差值，用来补偿施工过程中节点所产生的位移。

(1) 当连续若干段的每段柱加工预调值均<5mm时，可将其中连续数段（第 $i+1$ 段、第 $i+2$ 段……第 $i+n$ 段）的加工预调值合并到最上段柱（第 $i+n$ 段）进行加工预调。其余各段（第 $i+1$ 段、第 $i+2$ 段……第 $i+n-1$ 段）不再进行加工预调。

(2)（第 $i+n$ 段）柱的加工预调值调整为 $\sum_{k=1}^{n}$ 第（$i+k$）柱加工预调值。合并后（第 $i+n$ 段）柱的加工预调值以介于（5～8mm）之间为宜。

(3) 由于加工预调值进行了调整，施工预调值也需作适当调整。除最上段柱（第 $i+n$ 段）柱顶施工预调值保持不变外，其余各段柱（第 $i+1$ 段、第 $i+2$ 段……第 $i+n-1$ 段）柱顶施工安装预调值均需适当减小。

(4) 第（$i+j$）节柱柱顶施工预调值调整为：未优化前第（$i+j$）节柱柱顶施工预调值 $-\sum_{k=1}^{j}$ 第$(i+k)$节柱加工预调值；j 取值范围为：1～（$n-1$）。

以某三节柱为例加以说明，见表 2.3.5-1（表中数值仅为示意用）。

分段柱加工预调和施工安装预调优化调整示意表　　表 2.3.5-1

柱分段号	未优化调整前，分段柱预调		优化后的预调值	
	柱顶施工预调值（mm）	每节柱加工预调值（mm）	柱顶施工预调值（mm）	每节柱加工预调值（mm）
第 13 节	30.17=b1	1.99=a1	取（b1−a1）=30.17−1.99=28.18	0
第 14 节	29.46=b2	2.18=a2	取（b2−a1−a2）=29.46−1.99−2.18=25.29	0
第 15 节	29.62=b3	2.08=a3	取 b3=29.620	取 a1+a2+a3=1.99+2.18+2.08=6.25mm

2.4 大悬臂、悬挑结构预变形分析技术

本章对大悬臂、悬挑结构进行了详细的预变形分析，系统地总结了大悬臂结构预变形规律。

对于钢结构建筑，若按照设计位形进行构件加工，设计位形作为结构安装的初始位形，竣工时结构的位形与设计位形存在一定的偏差，可能导致建筑造型不满足建筑美学上的要求，也可能导致建筑在正常使用中不满足建筑适用性的要求，甚至可能由于施工过程中的结构产生过大变形而导致主体结构或次结构和围护结构安装困难或无法安装、或电梯等辅助设施无法安装或即使安装成功也无法正常运行或使用。对于大型复杂钢结构建筑，该问题尤其突出，如CCTV新台址主楼。在这些工程的建设过程中，设计中往往要求竣工状态下结构的位形与设计位形吻合，这就要求在施工过程中须对结构的位形进行控制。对于刚性结构，控制措施主要是通过对结构设置变形预调值，来补偿施工过程中结构的变形，从而达到控制位形的目的。

悬挑、悬臂桁架结构多为纯钢结构，其变形计算时结构非线性较弱，且其找形过

程为已知结构受力状态位形，求解未受力结构位形的过程，因此可选用一般迭代法对大悬挑桁架结构进行预变形分析。

预变形分析的一般迭代法就是利用有限元计算，逐步调整节点初始计算坐标来寻求满足结构形状要求的初始安装位型。以一个简单的二维结构（图 2.4-1）为例，说明一般迭代法进行找形分析的步骤。目标是使结构在施工结束阶段节点 m 位于图中虚线位置（以下称为目标位置）。第一步：以目标位置作为初始计算位置（图 2.4-1（*a*））进行整体结构计算，平衡状态时节点 m 偏离目标位置 d_1 距离（图 2.4-1（*b*））；第二步：将偏离位移 d_1 反向加于初始状态，得到图 2.4-1（*c*），经过重新计算结构再次处于平衡状态时节点 m 偏离目标位置距离为 d_2，但 $d_2<d_1$；第三步：重复第二步进行迭代，由于 d_i 越来越小，结构最终能够在满足精度的范围内到达目标状态。最后基于一般迭代法编写了成套的大悬臂及弦支穹顶结构预变形分析程序。

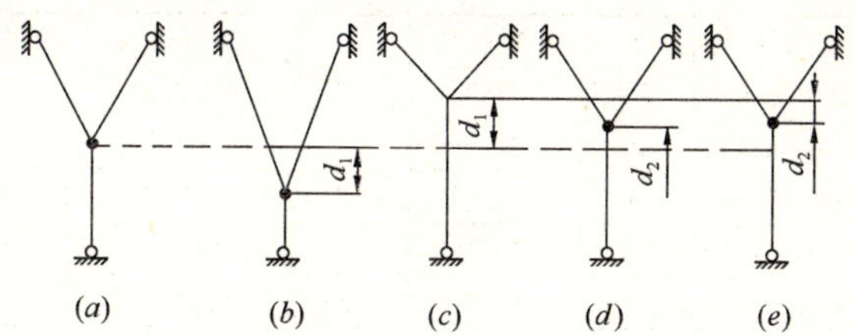

图 2.4-1 一般迭代法分析步骤

（*a*）初始不平衡态；（*b*）平衡态；（*c*）不平衡态；（*d*）平衡态；（*e*）不平衡态

对于大悬臂桁架结构的预变形规律分析，首先以悬挑长度、跨高比、屋面质量为控制参数，采用 ANSYS 的 APDL 语言可进行标准化数值建模。在此基础上运用一般迭代法编写了大悬臂结构预变形分析程序。具体流程如下：

① 按照目标初始态下结构各节点的坐标 X_p 建立有限元模型，并令 $X_1=X_p$；

②将结构自重和拉索等效预张力施加在结构中，进行非线性有限元分析，求得各节点的位移 ΔX_1。若 $X_1+\Delta X_1$ 与 X_p 的偏差满足收敛条件，则迭代收敛，否则，调节节点坐标为：$X_2=X_p-\Delta X_1$；…

③对更新坐标的结构模型再次进行非线性有限元分析，求得各节点的位移 ΔX_k。若 $X_1+\Delta X_k$ 与 X_p 的偏差满足收敛条件，则迭代收敛，否则，调节节点坐标为：$X_{k+1}=X_p-\Delta X_k$；

④循环迭代直到收敛，则更新节点坐标后的计算模型即为找形分析所求的零状态。

2.4.1 参数分析方案

依据悬臂桁架结构的特点及拓扑关系，建立了三角形截面大悬臂空间桁架结构参数化建模技术。桁架结构节点为管管相贯节点，控制腹杆和弦杆夹角在 30°～60°之间。

结合工程实际，以跨度、跨高比和荷载为参数，对悬臂桁架预变形进行参数分析，考察各指标对该类结构的预变形影响规律。结合工程中经常使用的范围，确定分析参数：跨度取 20m、30m 和 40m，跨高比取 8、10 和 12，总荷载为恒荷＋50%活荷，恒荷分别取 $60kg/m^2$、$130kg/m^2$ 和 $180kg/m^2$，活荷取 $60kg/m^2$，即总荷载分别取为 $90kg/m^2$、

160kg/m^2、210kg/m^2，以质量点的形式作用于结构上。具体参数方案见表 2.4.1-1。

参数分析方案 **表 2.4.1-1**

工况	上弦杆		下弦杆		上弦横杆		上弦斜杆		腹杆	
杆件尺寸及截面面积	直径 (mm)	截面面积 ($\times10^{-2}m^2$)	直径 (mm)	截面面积 ($\times10^{-2}m^2$)	直径 (mm)	截面面积 ($\times10^{-2}m^2$)	直径 (mm)	截面面积 ($\times10^{-2}m^2$)	直径 (mm)	截面面积 ($\times10^{-2}m^2$)
CT20080910	7	0.569572	10	1.344605	3	0.104615	4	0.220462	4	0.281487
CT20081610	10	0.848232	16	2.121208	3	0.104615	4	0.220462	6	0.384453
CT20082110	10	1.099560	16	2.664077	3	0.104615	4	0.220462	4	0.281487
CT20100910	8	0.683612	12	1.605986	3	0.104615	4	0.220462	4	0.281487
CT20101610	10	1.099560	16	2.664077	3	0.104615	4	0.220462	5	0.350288
CT20102110	12	1.417490	16	3.186839	3	0.104615	4	0.220462	7	0.452312
CT20120910	10	0.848232	16	1.960358	3	0.104615	4	0.220462	4	0.251328
CT20121610	12	1.311932	16	2.925458	3	0.104615	4	0.220462	6	0.373222
CT20122110	14	1.724110	16	3.709601	3	0.104615	4	0.220462	6	0.429378
CT30080910	9	0.924573	12	2.013137	3	0.104615	4	0.220462	5	0.431970
CT30080909	9	0.924573	14	2.339864	3	0.104615	4	0.220462	6	0.474303
CT30080908	10	1.099560	12	2.013137	3	0.104615	4	0.220462	5	0.431970
CT30081610	12	1.485348	14	3.025989	3	0.104615	4	0.220462	6	0.571064
CT30081609	12	1.485348	16	3.709601	3	0.104615	4	0.220462	7	0.672852
CT30081608	14	1.724110	14	3.958416	3	0.104615	4	0.220462	7	0.721861
CT30082110	14	1.724110	14	3.958416	3	0.104615	4	0.220462	7	0.721861
CT30082109	16	1.960358	16	4.745073	3	0.104615	4	0.220462	8	0.830561
CT30082108	16	2.382589	20	5.906208	3	0.104615	4	0.220462	7	0.881140
CT30100910	10	1.099560	16	2.664077	3	0.104615	4	0.220462	5	0.409979
CT30100909	12	1.311932	16	2.925458	3	0.104615	4	0.220462	6	0.450113
CT30100908	12	1.417490	16	3.186839	3	0.104615	4	0.220462	7	0.529909
CT30101610	14	1.724110	16	3.709601	3	0.104615	4	0.220462	5	0.519935
CT30101609	16	1.960358	16	4.202204	3	0.104615	4	0.220462	6	0.622037
CT30101608	16	2.382589	16	4.745073	3	0.104615	4	0.220462	7	0.672852
CT30102110	16	2.382589	16	4.745073	3	0.104615	4	0.220462	6	0.667276
CT30102109	16	2.664077	20	5.906208	3	0.104615	4	0.220462	7	0.776289
CT30102108	16	2.925458	16	6.253041	3	0.104615	4	0.220462	8	0.884675
CT40080910	12	1.311932	16	2.925458	3	0.104615	4	0.329240	7	0.723510
CT40081610	16	1.960358	16	4.202204	3	0.104615	4	0.329240	8	0.955046
CT40082110	16	2.664077	20	5.906208	3	0.104615	4	0.329240	7	0.987326
CT40100910	14	1.724110	16	3.709601	3	0.104615	4	0.329240	7	0.636095
CT40101610	16	2.382589	20	5.906208	3	0.104615	4	0.329240	7	0.815795
CT40102110	16	3.186839	18	7.023361	3	0.104615	4	0.329240	7	0.987326
CT40120910	14	1.864854	16	4.202204	3	0.104615	4	0.329240	6	0.561718
CT40121610	16	2.925458	18	7.023361	3	0.104615	4	0.329240	8	0.830561
CT40122110	16	3.709601	20	8.545152	3	0.104615	4	0.329240	7	0.947821

算例符号命名规则：例 CT20080910，其中 CT 代表悬臂桁架，08 表示跨高比为 8，09 表示荷载为 90kg/m^2，10 表示截面应力比为 1.0。

2.4.2 预调直规律

1. 长度预调值规律

(1) 荷载及跨高比的影响

为了考察荷载对长度预调值的影响，分别对不同悬挑长度、不同跨高比的悬臂桁架结构在不同荷载作用的预变形进行了研究。具体结果如下：

图 2.4.2-1 为 CT20080910、CT20081610、CT20082110 的长度预调值分析结果，即悬挑长度 20m，跨高比为 8 时的结构不同荷载作用下的长度预调值分析结果。可以看出，荷载的取值对长度预调值影响很小，且长度预调值本身也很小，基本在 1.5mm 以下。

图 2.4.2-2 为 CT20100910、CT20101610、CT20102110 的长度预调值分析结果，即悬挑长度 20m，跨高比为 10 时的结构不同荷载作用下的长度预调值分析结果。可以看出，荷载的取值对长度预调值影响很小，且长度预调值本身也很小，基本在 1.5mm 以下。

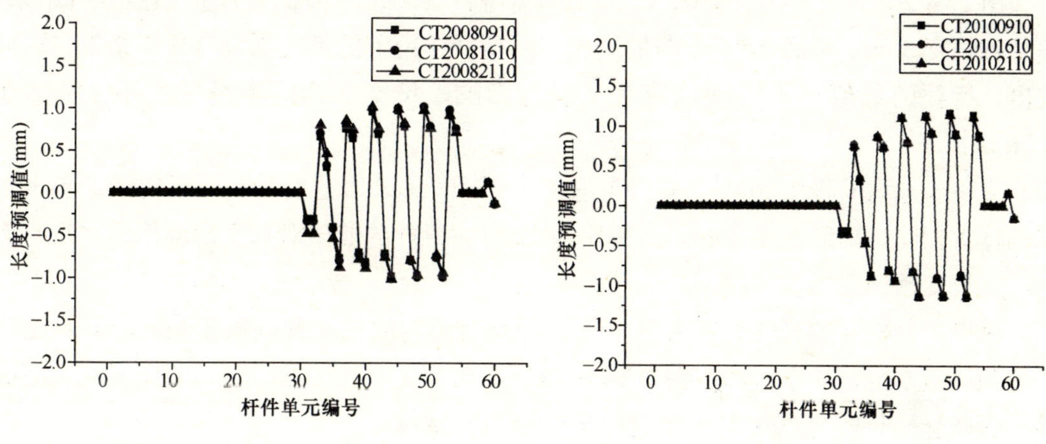

图 2.4.2-1 CT20080910、CT20081610、CT20082110 长度预调值

图 2.4.2-2 CT20100910、CT20101610、CT20102110 长度预调值

图 2.4.2-3 为 CT20120910、CT20121610、CT20122110 的长度预调值分析结果，即悬挑长度 20m，跨高比为 12 时的结构不同荷载作用下的长度预调值分析结果。可以看出，荷载的取值对长度预调值影响很小，且长度预调值本身也很小，基本在 1.5mm 以下。

由以上分析可以悬挑长度为 20m 时，荷载对结构的长度预调值影响较小，且结构长度预调值本身也较小，基本都在 1.5mm 以下，跨高比对结构的长度预调值影响也不明显。因此悬挑长度为 20m 时可不进行结构的长度预调。

图 2.4.2-4 为 CT30080910、CT30081610 和 CT30082110 的长度预调值分析结果，即悬挑长度 30m，跨高比为 8 时的结构不同荷载作用下的长度预调值分析结果。可以看出，荷载的取值对长度预调值影响很小，几个不同荷载作用下的结构长度预调值基本相差均在 0.5mm 以下，且长度预调值本身也很小，基本在 2.5mm 以下。

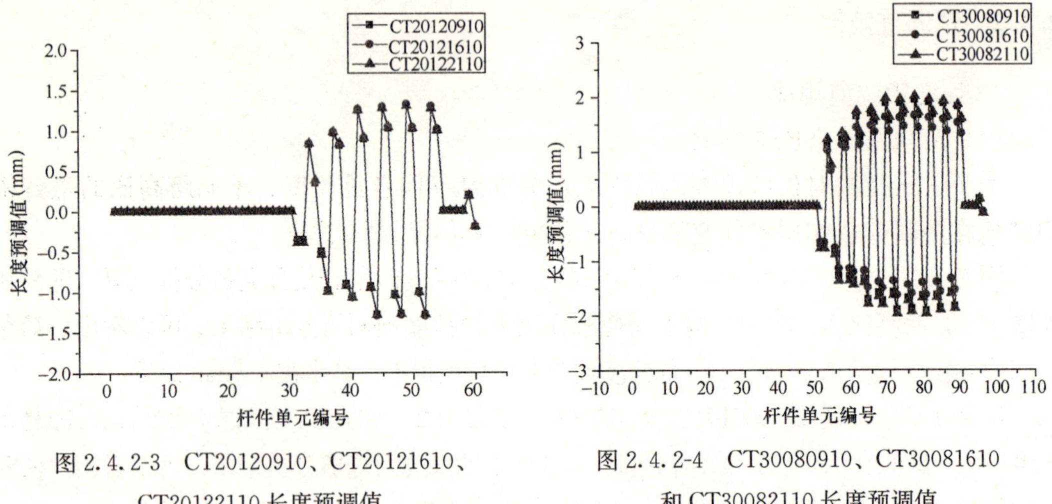

图 2.4.2-3　CT20120910、CT20121610、CT20122110 长度预调值

图 2.4.2-4　CT30080910、CT30081610 和 CT30082110 长度预调值

图 2.4.2-5 为 CT30100910、CT30101610 和 CT30102110 的长度预调值分析结果，即悬挑长度 30m，跨高比为 10 时的结构不同荷载作用下的长度预调值分析结果。可以看出，荷载的取值对长度预调值几乎没有影响，长度预调值本身也很小，基本在 2.5mm 以下。

进一步选取 CT30120910、CT30121610、CT30102110 进行分析，所得结论与上述算例分析相同，即跨度为 30m，跨高比为 12 时，荷载的取值对长度预调值几乎没有影响，且长度预调值的本身较小。

由以上分析可知悬挑长度为 30m 时，荷载对结构的长度预调值影响较小，且结构长度预调值本身也较小，基本在 2.5mm 以下，跨高比对结构的长度预调值影响也不明显。因此悬挑长度为 30m 时可不进行结构的长度预调。

图 2.4.2-6 为 CT40080910、CT40081610、CT40082110 的长度预调值分析结果，即悬挑长度40m，跨高比为8时的结构不同荷载作用下的长度预调值分析结果。可以

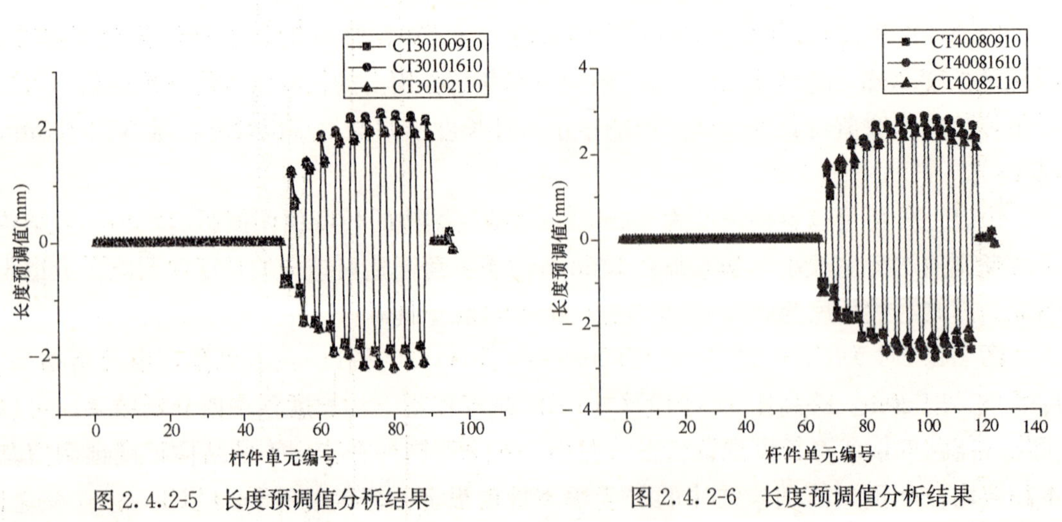

图 2.4.2-5　长度预调值分析结果

图 2.4.2-6　长度预调值分析结果

看出，荷载的取值对长度预调值几乎没有影响，长度预调值本身也很小，基本在 3mm 以下。

图 2.4.2-7 为 CT40100910、CT40101610、CT40102110 的长度预调值分析结果，即悬挑长度 40m，跨高比为 8 时的结构不同荷载作用下的长度预调值分析结果。可以看出，荷载的取值对长度预调值几乎没有影响，长度预调值本身也很小，基本在 3.5mm 以下。

图 2.4.2-8 为 CT40120910、CT40121610、CT40122110 的长度预调值分析结果，即悬挑长度 40m，跨高比为 12 时的结构不同荷载作用下的长度预调值分析结果。可以看出，荷载的取值对长度预调值几乎没有影响，长度预调值本身也很小，基本在 4mm 以下。

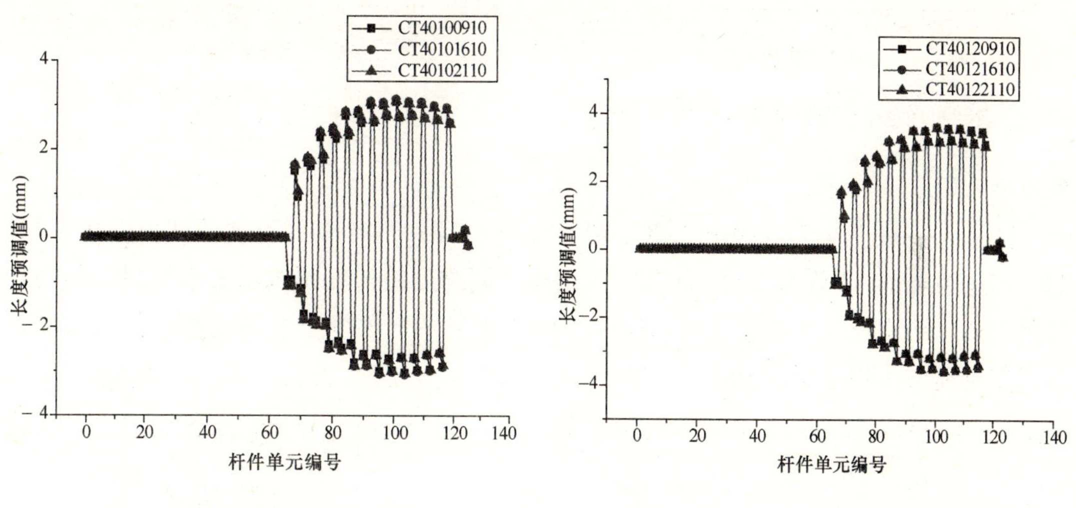

图 2.4.2-7　长度预调值分析结果　　图 2.4.2-8　长度预调值分析结果

由以上分析可知悬挑长度为 40m 时，屋面荷载对结构的长度预调值影响较小，且结构长度预调值本身也较小，基本在 4mm 以下，跨高比对结构的长度预调值影响也不较小。因此悬挑长度为 40m 时可不进行结构的长度预调。

综合以上分析可知，屋面荷载对跨度 40m 以下的悬臂桁架结构长度预调值影响较小，可不考虑构件的长度预调。

（2）跨度的影响

跨度也是影响悬臂桁架结构预变形的关键因素，以下为考察跨度和跨高比对长度预调值影响的分析结果：

图 2.4.2-9 为 CT20080910、CT30080910、CT40080910 的长度预调值分析结果，即跨高比为 8m，荷载为 90kg/m^2 时的结构不同跨度的长度预调值分析结果。可以看出，结构长度预调整值随着结构的跨度增大呈现出逐渐增大的趋势，但是长度预调值本身较小，均小于 3mm。

图 2.4.2-10 为 CT20081610、CT30081610、CT40081610 的长度预调值分析结果，即跨高比为 8m，荷载为 160kg/m^2 时的结构不同跨度的长度预调值分析结果。可以看出，结构长度预调值随着结构的跨度增大呈现出逐渐增大的趋势，但是长度预调值本

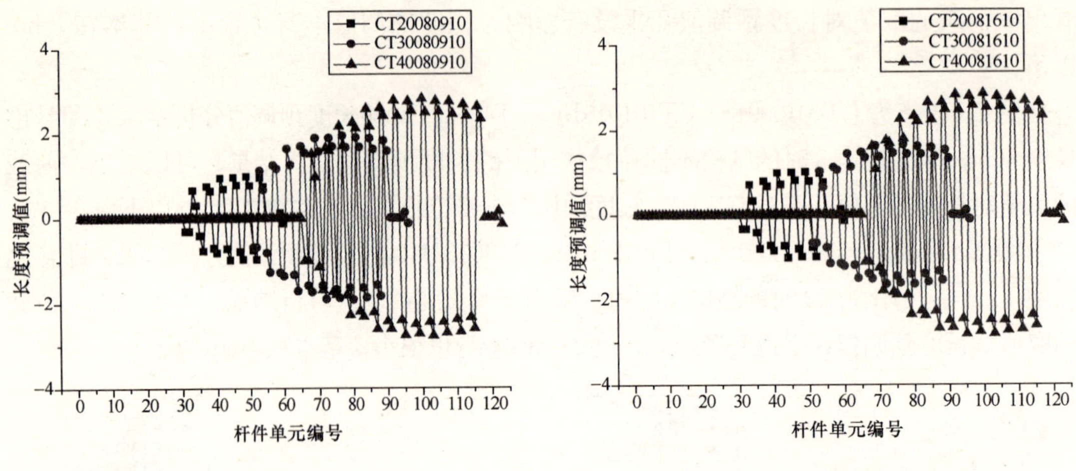

图 2.4.2-9　长度预调值分析结果　　　　图 2.4.2-10　长度预调值分析结果

身较小，均小于 3mm。

图 2.4.2-11 为 CT20082110、CT30082110、CT40082110 的长度预调值分析结果，即跨高比为 8m，荷载为 210kg/m^2 时的结构不同跨度的长度预调值分析结果。与两种情况相似，结构长度预调值随着结构的跨度增大呈现出逐渐增大的趋势，但是长度预调值本身较小，均小于 3mm。

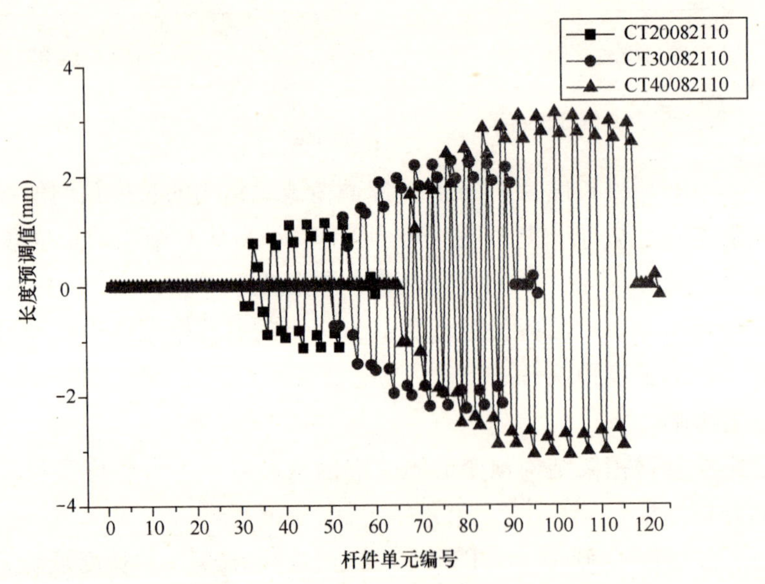

图 2.4.2-11　长度预调值分析结果

对跨高比为 10 时在 90kg/m^2，210kg/m^2，210kg/m^2 荷载作用下不同悬挑跨度的悬挑桁架结构的长度预调值规律（图 2.4.2-12～图 2.4.2-14）进行分析，从图中可以看出跨高比为 10 时跨度对结构长度预调值的影响规律与跨高比为 8 的时候基本一致，结构长度预调值随着结构的跨度增大呈现出逐渐增大的趋势，但是长度预调值较小。

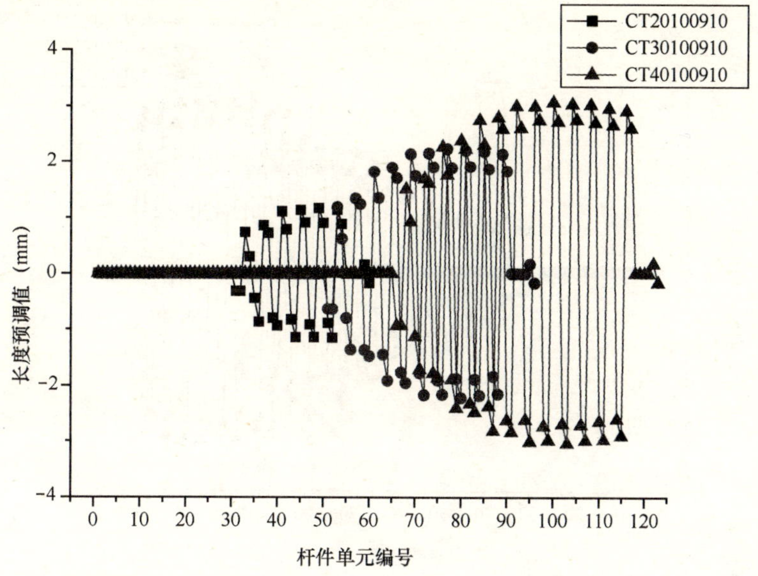

图 2.4.2-12 长度预调值分析结果

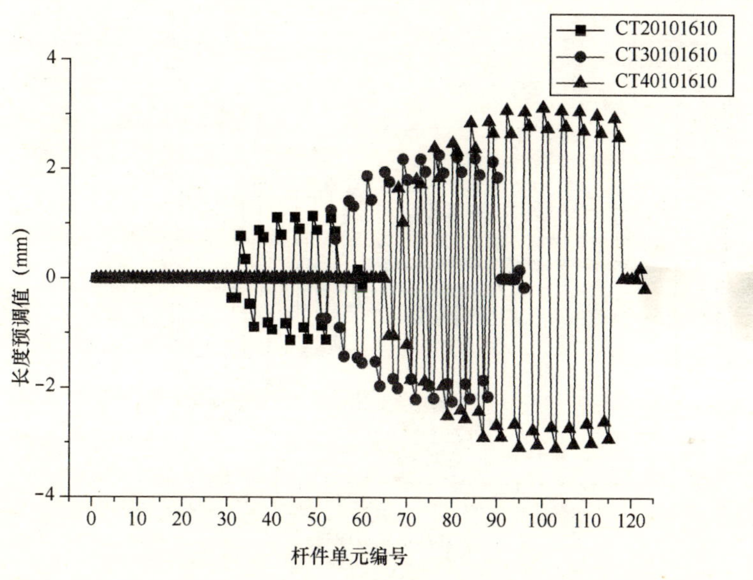

图 2.4.2-13 长度预调值分析结果

同样对跨高比为 12 时在 90kg/m²，210kg/m²，210kg/m²荷载作用下不同悬挑跨度的悬挑桁架结构的长度预调值规律（图 2.4.2-15～图 2.4.2-17），从图中可以看出跨高比为 10 时跨度对结构长度预调值的影响规律与跨高比为 8 的时候基本一致，结构长度预调值随着结构的跨度增大呈现出逐渐增大的趋势，但是长度预调值较小。

由于大悬挑桁架结构的上下弦为一个整体构件因此其长度预调值应整体考虑，以下通过对 CT20082110、CT30082110、CT40082110 等几种最不利工况（跨高比为 8，荷载为 210kg/m²）的上下弦长度预调值进行分析，单独考察悬挑桁架结构的上下弦长

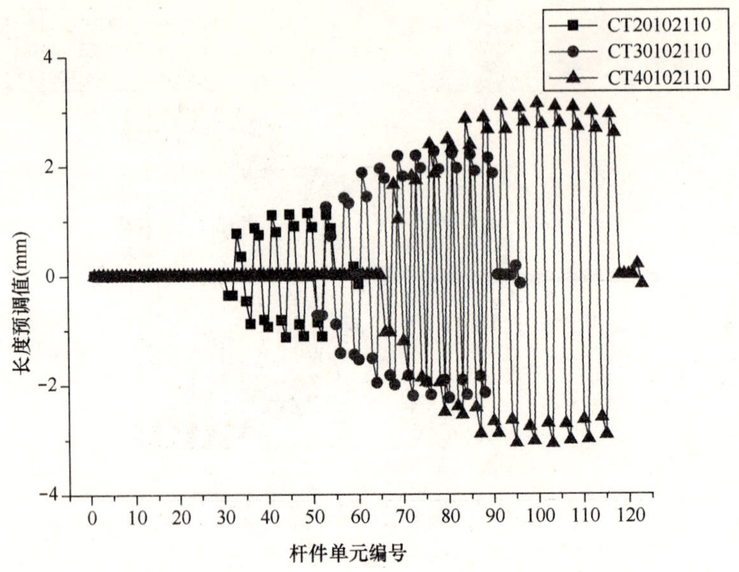

图 2.4.2-14 长度预调值分析结果

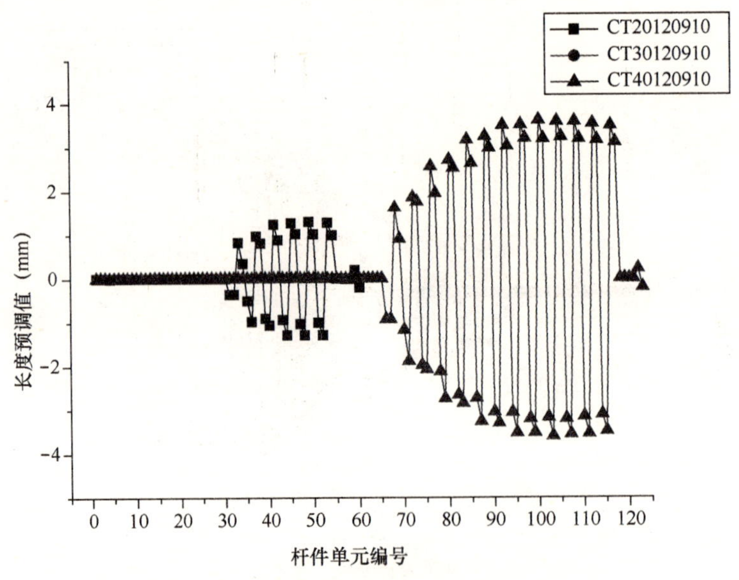

图 2.4.2-15 长度预调值分析结果

度预调值情况。

图 2.4.2-18 分别为上弦杆的长度预调值，从图中可以看出上弦杆的长度预调值很小，且三种跨度的上弦杆总长度预调值均不超过 0.1mm，因此可以不对悬臂桁架构件上弦进行施工长度预调。

图 2.4.2-19 分别为下弦杆的长度预调值，与上弦杆规律相同，下弦杆的长度预调值也很小，三种跨度的下弦杆总长度预调值均不超过 0.1mm，因此可以不对悬臂桁架构件下弦进行施工长度预调。

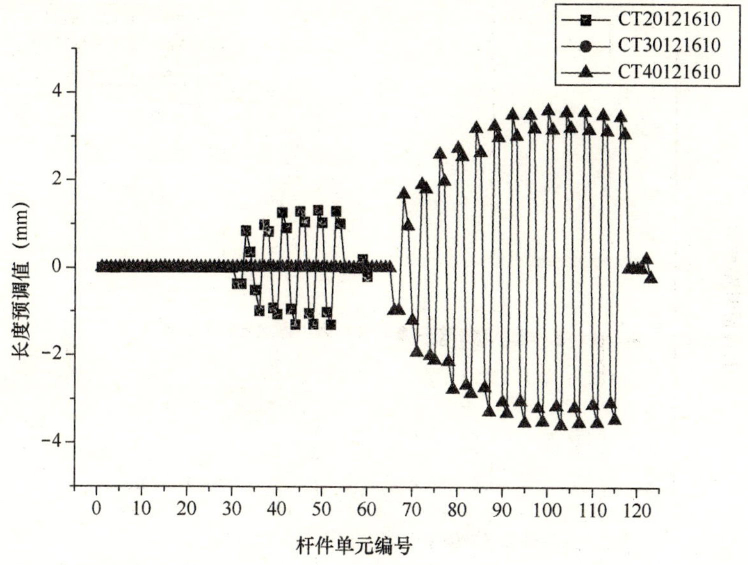

图 2.4.2-16 长度预调值分析结果

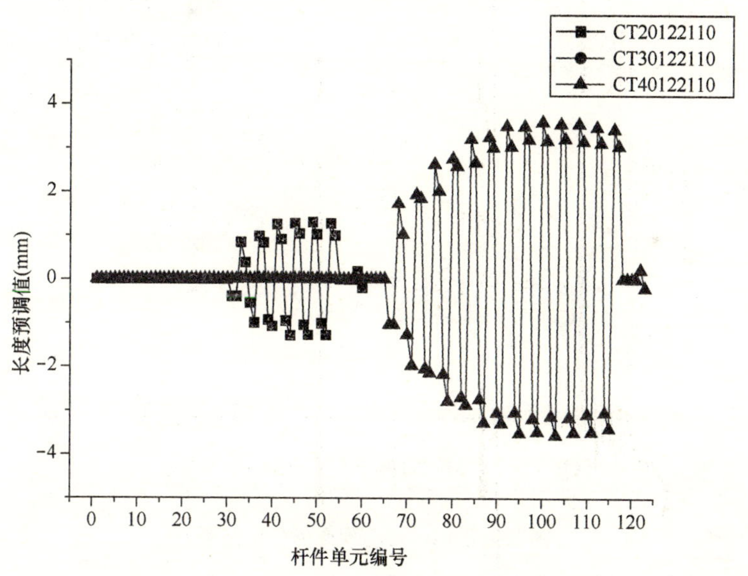

图 2.4.2-17 长度预调值分析结果

综合以上分析可知，结构荷载和跨高比对结构构件长度预调值影响很小，随着结构悬挑长度的增加构件长度预调值有所增大，但是各算例分析表明，结构构件本身的预调值较小，且由于悬臂桁架主要受竖向荷载影响敏感，因此其上下弦的总长度预调值也很小，不大于 1mm，因此在一般施工精度要求下，40m 以下的悬臂桁架结构可不考虑构件长度预调。

2. 坐标预调值规律

考虑悬臂桁架结构的特点，其竖向刚度相对较弱，且主要承受竖向荷载，因此对

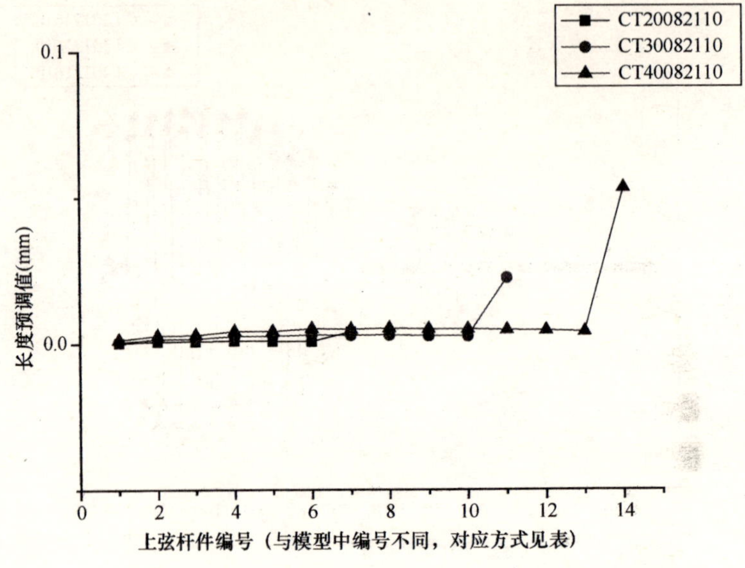

图 2.4.2-18　长度预调值分析结果

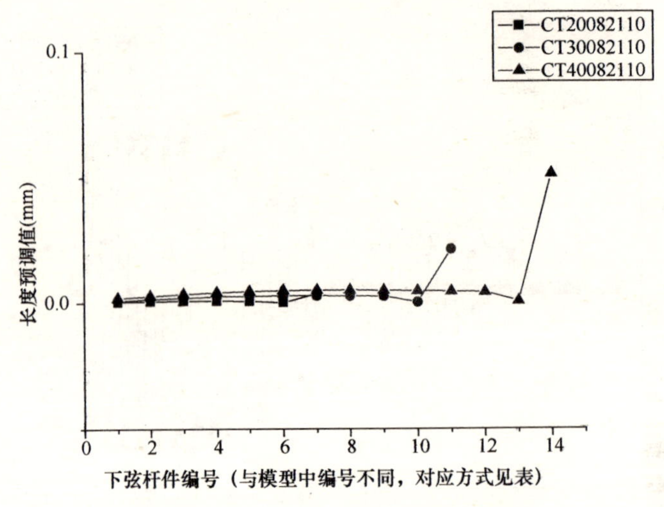

图 2.4.2-19　长度预调值分析结果

坐标预调值的研究，只针对其竖向即 Z 向坐标预调值进行。

(1) 荷载及跨高比的影响

为了考察荷载对坐标预调值的影响，分别对不同悬挑长度、不同跨高比的悬臂桁架结构在不同荷载作用的坐标预调值进行了研究。具体结果如下：

图 2.4.2-20 为 CT20080910、CT20081610、CT20082110 的坐标预调值分析结果，即悬挑长度 20m，跨高比为 8 时的结构不同荷载作用下的坐标预调值分析结果。可以看出，随着荷载的增大，坐标预调值有所增加，但增值较小，最大坐标预调值为 12mm。

图 2.4.2-21 为 CT20100910、CT20101610、CT20102110 的坐标预调值分析结果，

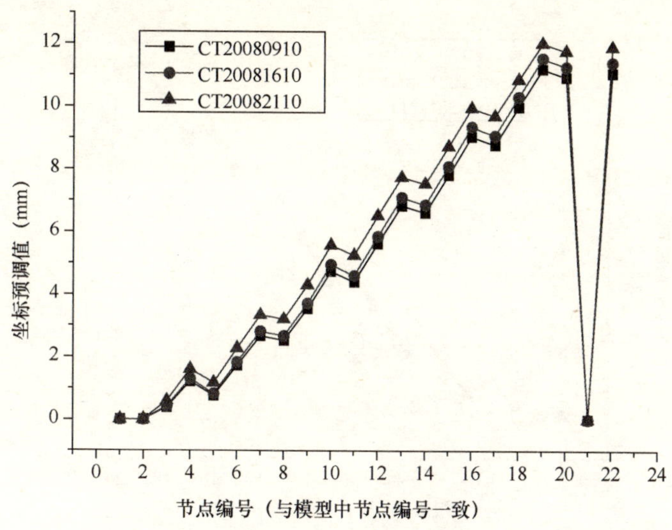

图 2.4.2-20 坐标预调值分析结果

即悬挑长度 20m，跨高比为 10 时的结构不同荷载作用下的坐标预调值分析结果。可以看出，坐标预调值随荷载变化较小，最大坐标预调值 13.9mm。

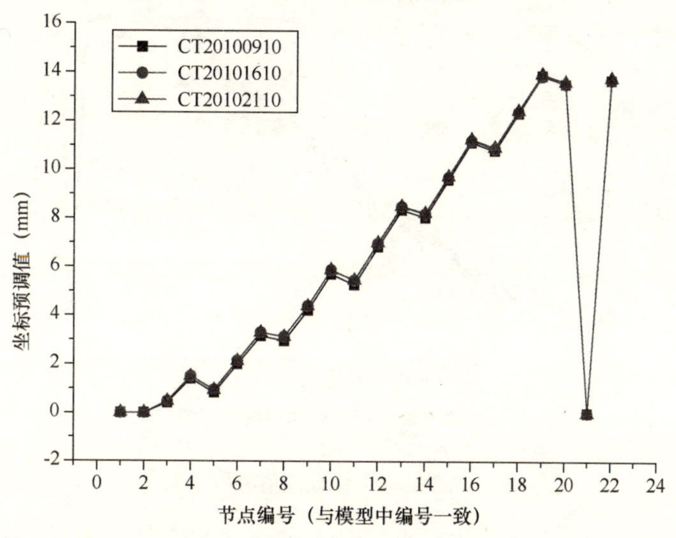

图 2.4.2-21 坐标预调值分析结果

图 2.4.2-22 为 CT20120910、CT20121610、CT2012110 的坐标预调值分析结果，即悬挑长度 20m，跨高比为 12 时的结构不同荷载作用下的坐标预调值分析结果。可以看出，坐标预调值随荷载变化较小，最大坐标预调值 16.7mm。

由以上分析可以悬挑长度为 20m 时，荷载对结构的坐标预调值影响较小，但是随着跨高比的增加结构的最大坐标预调值有所增加，结构最大坐标预调值 16.7mm。

图 2.4.2-23 为 CT30080910、CT30081610 和 CT30082110 的坐标预调值分析结果，即悬挑长度 30m，跨高比为 8 时的结构不同荷载作用下的坐标预调值分析结果。

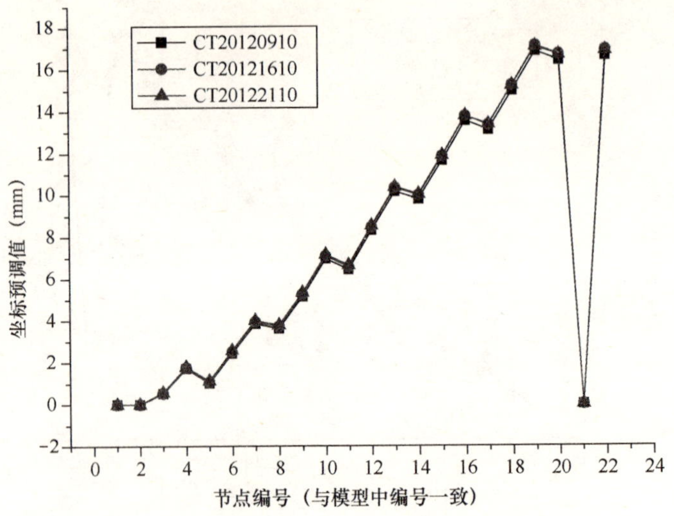

图 2.4.2-22　坐标预调值分析结果

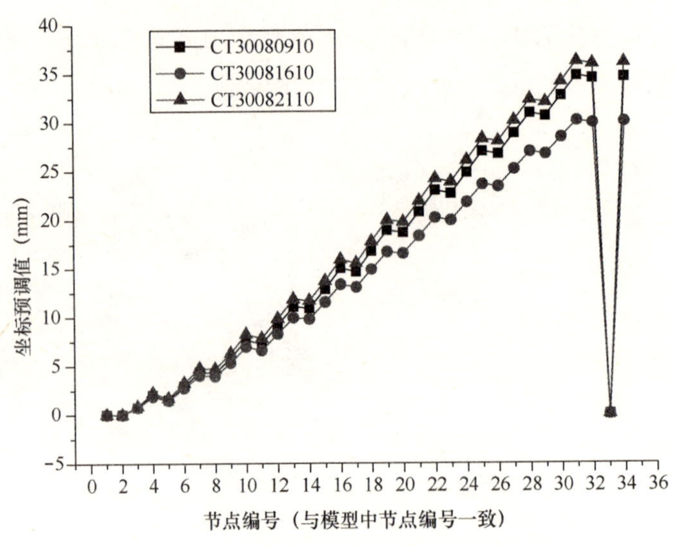

图 2.4.2-23　坐标预调值分析结果

可以看出，坐标预调值随荷载变化较小，最大坐标预调值 36.2mm。

图 2.4.2-24 为 CT30100910、CT30101610 和 CT30102110 的坐标预调值分析结果，即悬挑长度 30m，跨高比为 10 时的结构不同荷载作用下的坐标预调值分析结果。可以看出，坐标预调值随荷载变化较小，最大坐标预调值 41.5mm。

进一步选取 CT30120910、CT30121610、CT30122110 进行分析，所得结论与上述算例分析相同，即跨度为 30m，跨高比为 12 时，坐标预调值随荷载变化较小，最大坐标预调值 46.6mm。

由以上分析可知悬挑长度为 30m 时，荷载对结构的坐标预调值影响较小，但是随着跨高比的增加结构的最大坐标预调值有所增加，最大坐标预调值 46.6mm。

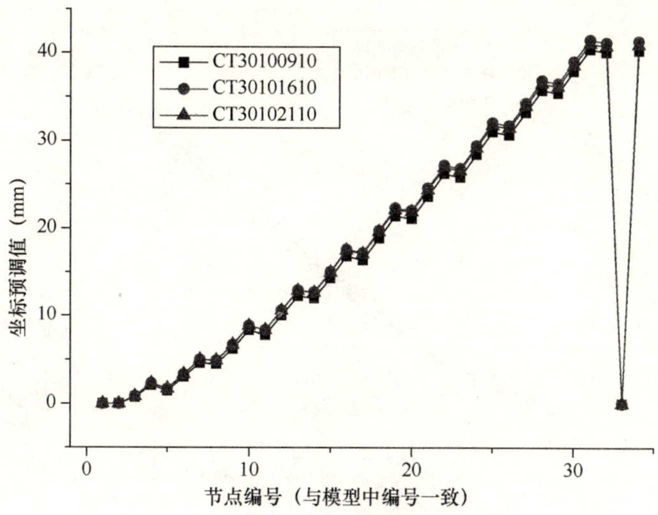

图 2.4.2-24　坐标预调值分析结果

图 2.4.2-25 为 CT40080910、CT40081610、CT40082110 的预变形分析结果，即悬挑长度 40m，跨高比为 8 时的结构不同荷载作用下的坐标预调值分析结果。可以看出，坐标预调值随荷载变化较小，最大坐标预调值 66.3mm。

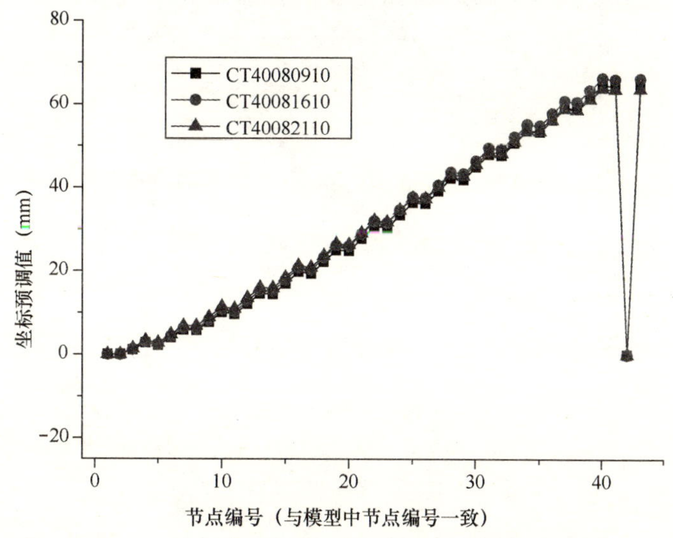

图 2.4.2-25　坐标预调值分析结果

图 2.4.2-26 为 CT40100910、CT40101610、CT40102110 的坐标预调值分析结果，即悬挑长度 40m，跨高比为 8 时的结构不同荷载作用下的坐标预调值分析结果。可以看出，坐标预调值随荷载变化较小，最大坐标预调值 73.0mm。

图 2.4.2-27 为 CT40120910、CT40121610、CT40122110 的坐标预调值分析结果，即悬挑长度 40m，跨高比为 12 时的结构不同荷载作用下的坐标预调值分析结果。可以看出，坐标预调值随荷载变化较小，最大坐标预调值 84.8mm。

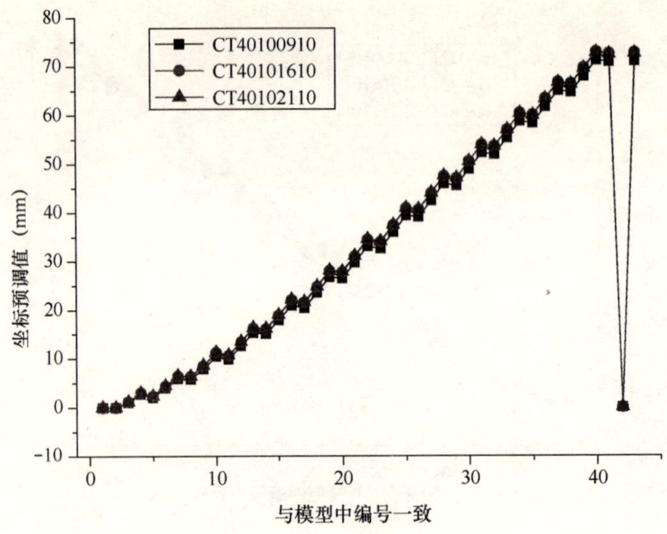

图 2.4.2-26　坐标预调值分析结果

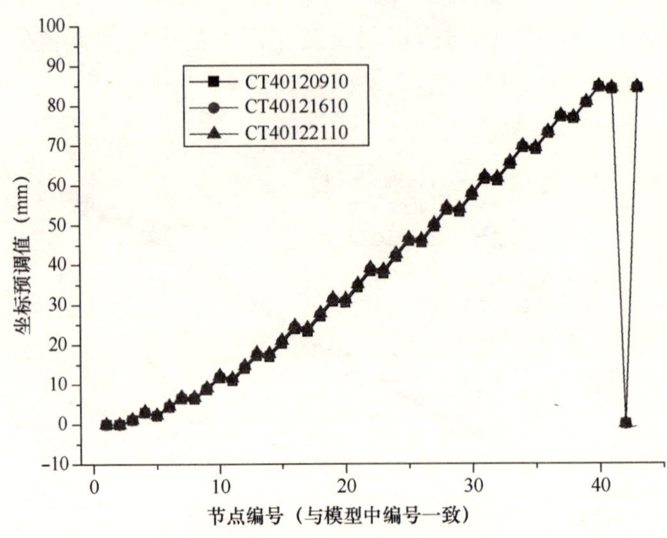

图 2.4.2-27　坐标预调值分析结果

由以上分析可知悬挑长度为 40m 时，荷载对结构的坐标预调值影响较小，但是随着跨高比的增加结构的最大坐标预调值有所增加，最大坐标预调值 84.8mm。

综合以上分析可知，屋面荷载对跨度 40m 以下的悬臂桁架结构坐标预调值影响较小，但是跨高比影响相对较为明显，随着跨高比的增大结构的相同跨度结构的坐标预调值有所增大。

(2) 跨度的影响

跨度也是影响悬臂桁架结构预变形的关键因素，通过上述分析可知，荷载对结构坐标预调值影响较小，因此以下仅选取荷载为 160kg/m^{2}时的不同跨高比和不同悬挑长度进行坐标预调值分析，进而研究跨度对结构坐标预调值的影响，具体如下：

图 2.4.2-28 为 CT20081610、CT30081610、CT40081610 的坐标预调值分析结果，即跨高比为 8，荷载为 160kg/m^{2}时的结构不同跨度的坐标预调值分析结果。可以看出，结构坐标预调值预调整值，随着结构的跨度增大而明显增大。

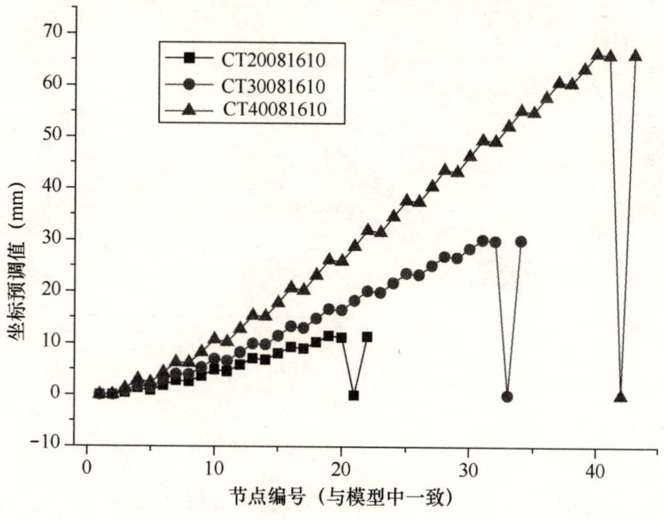

图 2.4.2-28 坐标预调值分析结果

图 2.4.2-29 为 CT20101610、CT30101610、CT40101610 的坐标预调值分析结果，即跨高比为 10，荷载为 160kg/m^{2}时的结构不同跨度的坐标预调值分析结果。可以看出，结构坐标预调值预调整值，随着结构的跨度增大而明显增大。

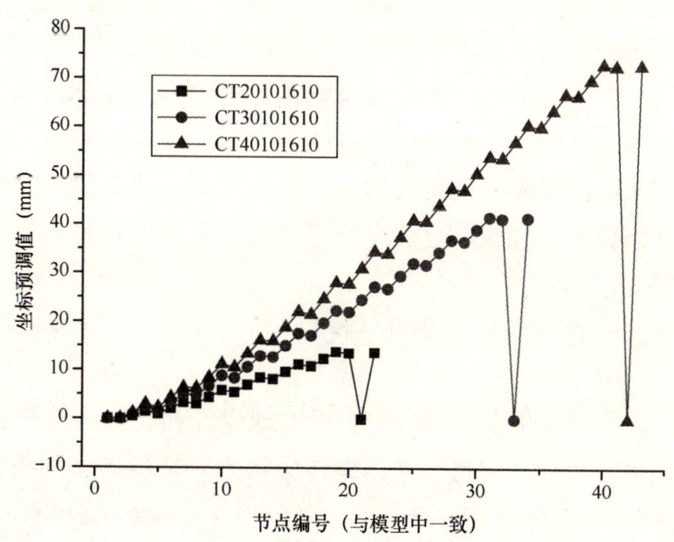

图 2.4.2-29 坐标预调值分析结果

图 2.4.2-30 为 CT20121610、CT30121610、CT40121610 的坐标预调值分析结果，即跨高比为 12，荷载为 160kg/m^{2}时的结构不同跨度的坐标预调值分析结果。可以看

出，结构坐标预调值预调整值，随着结构的跨度增大而明显增大。

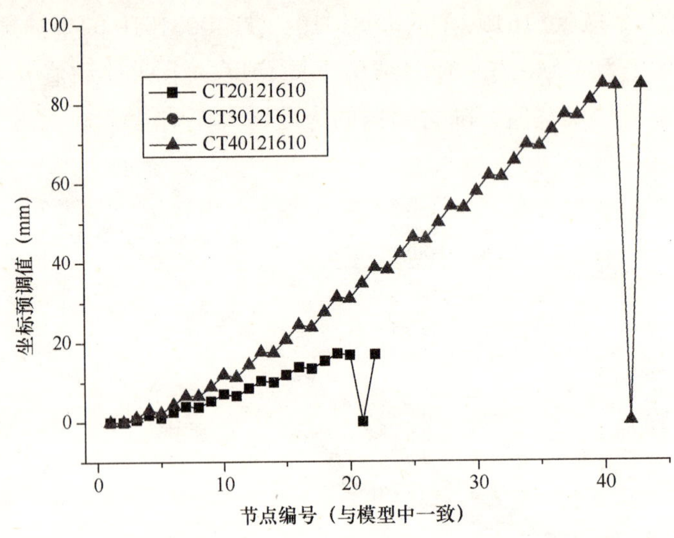

图 2.4.2-30 坐标预调值分析结果

综上分析可知，相对于长度预调，坐标预调则相对明显，且主要为竖向坐标预调，即 Z 向坐标预调，水平向可不考虑。其竖向坐标预调值随着屋面荷载变化较小；随着跨高比的增大而增大，尤其悬挑长度越大，受跨高比影响的最大预调值的增量越大；随着悬挑长度的增加而增大，且较为明显。分析表明，小跨度（20m 以下）结构变形较小，可不进行预调，而中大跨度结构则应考虑结构的变形预调，以使其满足设计要求。

2.5 预应力钢结构预变形分析技术

本章对近十年来国内预应力钢结构领域的研究和应用成果进行了梳理、总结、归纳和集成创新，并结合工程实践，对预应力钢结构关键施工技术进行了研究，具体内容如下：

(1) 通过分析方法和结构性能研究，准确把握预应力钢结构的特点和预应力的作用；

(2) 通过施工力学理论和方法的研究，以实现设计初始态为目标进行施工过程分析，掌握各关键施工阶段的结构状态（如结构零状态安装位形、刚构拼装的焊接次应力及拉索张拉各阶段等），保证结构安全性，确定预应力拉索的分析和施工参数（如等效预张力、制作长度和可调长度、施工张拉力、施工控制目标、允许偏差及主控项目等）；

(3) 通过拉索施工工艺研究，掌握拉索（成品索和组装索）的各施工环节（包括制作、安装、索长误差调节和张拉）的基本工艺要求和特殊的施工工艺（如平索和斜索安装工艺、拉索被动张拉技术等），解决工程现场施工中的实际问题；

(4) 通过索相关节点构造和张拉设备研究，见索相关节点构造（索夹和缩短连接）、张拉设备与拉索施工工艺结合起来，从而实现有效、精准、高效率地施加预应力及索力的有效传递；

(5) 通过工程实践，将研究成果及时应用于工程建设中，提高技术水平、工程质量和经济效益，并在应用中对研究内容予以完善，发现新的问题。

2.5.1　预应力钢结构施工力学分析理论和方法

与普通钢结构相比，预应力钢结构由于将高强拉索引入结构中，通过张拉拉索在结构中建立预应力，而预应力改变了结构的内力状态和结构形状，从而对结构性能影响巨大，因此预应力施工是整个预应力钢结构施工的关键工序之一。

预应力钢结构施工的直接目标就是实现设计要求的索力和结构形状。预应力施工绝不仅仅就是张拉就能满足要求，因为预应力钢结构与普通钢结构的重要区别是预应力张拉对结构的形状和内力、对支座反力、对其他拉索的索力、对相邻构件都有影响。在对结构特点和施工过程的结构状态不十分了解的情况下张拉，可能引起严重的后果，如：拉索制作长度不合理，导致过短拉索无法安装，或者过长拉索无法张拉到位；结构形状失控，导致支座难以就位，相邻构件无法连接，关键构件空间姿态偏差过大等；索力失控，导致预应力状态与设计偏离过大，直接影响结构的安全性等。

由于预应力钢结构的特殊性，且需要拉索张拉施工，因此预应力钢结构施工的各个环节，从制作、安装到张拉，都不同于普通钢结构工程。预应力钢结构施工前，在对结构性能掌握后，尚须进行详尽的施工力学分析，以掌握刚构施工阶段的结构状态、保证施工安全、制定和优化施工方案、提供施工参数和监控依据等。

1. 施工环境温度下初始态的计算方法

工程中，设计方提供的初始态是基准温度 T_s 条件下的，称为基准设计初始态，而实际施工中，结构施工成形温度 T_c 与 T_s 往往不一致。因此，若在 T_c 条件下直接以基准设计初始态为目标进行施工，则结构成形后环境温度变化至基准温度时，结构状况会发生变化，没有实现基准温度条件下的设计初始态，施工与设计出现了偏差。

因此，要实现基准温度条件下的设计初始态，则不能以基准设计初始态为目标进行施工，需要根据基准设计初始态确定施工环境温度下的施工初始态。现场施工时，直接以施工初始态为目标，当结构成形后环境温度由 T_c 变化至 T_s 时，达到基准设计初始态。

预应力钢结构是先实现施工初始态，然后使用中实现基准初始态，故根据两者先后顺序，有两种分析思路：直接反算法和迭代正算法。

(1) 直接反算法

若结构整体刚度较柔，或者张拉时刚构刚度较柔，即需要零状态找形，则直接反算法的计算步骤为：

①通过找力分析，得到基准设计初始态的拉索基准等效预张力 P_s；

②在基准设计初始态上增加温变荷载（$\Delta T_c = T_c - T_s$），得到平衡态，即为施工初始态；

③施工初始态下拉索的等效预张力值为：

$$P_c = P_s - (T_c - T_s) \cdot \alpha \cdot EA = P_s - \Delta T_c \cdot \alpha \cdot EA \tag{2.5.1-1}$$

式中　P_c、P_s——施工初始态和基准设计初始态的拉索等效预张力；

α、E、A——拉索的温度膨胀系数、弹性模量和截面积。

直接反算法的关键是：直接在基准设计状态上增加温变荷载（$\Delta T_c = T_c - T_s$）计算施工初始态，且由基准设计初始态的等效预张力 P_s 和温变 ΔT_c，按照式（2.5.1-1）直接求出施工等效预张力 P_c。

直接反算法的优点是简便，但整个结构需在有应力状态下安装。对于在温变作用下不能自由变形的超静定结构，由于不能实现应力状态（温度作用下的应力状态）下安装，直接反算法是不适用的。

（2）迭代正算法

迭代正算法的计算步骤为：

①以基准设计初始态的索力为目标，在常规的基础上增加温变荷载（$\Delta T_s = T_s - T_c$）进行找力分析，得到的拉索等效预张力，即为施工等效预张力 P_c；

②在结构自重和施工等效预张力 P_c 作用下，得到平衡态，即为施工初始态。

与直接反算法不同，迭代正算法以基准设计初始态的索力为目标，在常规找力分析上增加温变荷载（$\Delta T_s = T_s - T_c$），来确定施工等效预张力 P_c，由此计算的施工等效预张力和施工初始态符合刚构在无应力状态下安装，拉索张拉结构成形后环境温度有 T_c 变化至基准温度 T_s 的实际。

如果预应力钢结构中的刚构子结构为超静定结构，在温变作用下不能自由变形，则刚构须在有应力状态下安装，索杆系需要按照施工初始态张拉，方可最终完全实现基准设计初始态。若刚构只能在无应力状态下安装，则只能实现部分基准设计初始态，如索杆内力等。

2. 张拉控制误差影响因子及主控项目

根据预应力钢结构不同的结构特点，预应力张拉需设定控制项目。

控制项目可分为力的控制和形的控制两大类。力的控制项目有：索力、关键钢构件的应力、支座反力等；形的控制项目有：跨度、矢高、关键节点位移及关键构件的空间姿态等。

施工目标是实现设计初始态，而初始态是平衡态，是力在相应形上的平衡，即初始态下的力和形是对应的。若改变一方，则会使另一方也随之改变，从而脱离目标初始态，在另外一个状态下平衡。因此，张拉施工一般都要双控，既要控制力，也要控制形，实现力和形的统一。

如果控制项目过多，则不便于进行施工控制，因此需根据结构特点和施工方案，从中选择最优先控制的主控项目。当存在多个控制项目时，需确定各项目的优先控制顺序，特别是最优先控制的主控项目，以便于施工控制、监测和验收。在实际施工时，当出现无法同时满足各控制项目的情况时，更加需要确定出优先控制的主控项目。

（1）误差影响因子的判定

误差影响因子：为了确定各控制项目的优先控制顺序，引入误差影响因子，其计算方法为：

①设有 m 个控制项目 $I_i(i=1,2,\cdots,m)$，在理想模型上进行初始态分析，得到各控制项目的目标值 A_i；

②设定各控制项目 I_i 的允许误差为 $[e_i]$；

③逐渐改变主动拉索的张拉力，使项目 I_i 达到允许限值 $A_i+[e_i]$，并得到其他各项目的变化值 Δ_{ij}；

④计算项目 I_i 对 I_j 的误差影响因子：$\zeta_{ij}=\Delta_{ij}/[e_j]$。当 $i=j$ 时，$\zeta_{ij}=1$；

⑤重复步骤③和④，计算出各项目之间的误差影响因子。

（2）优先控制顺序的判定

根据项目 I_i 对 I_j 的误差影响因子 ζ_{ij}，对两者的优先控制顺序予以判定，方法如下：

①当 $\zeta_{ij}>1$，则 I_i 达到允许限值时，I_j 已超过，I_j 应优先控制；

②当 $\zeta_{ij}<1$，则 I_i 达到允许限值时，I_j 尚未超过，I_i 应优先控制；

③当 $\zeta_{ij}=1$，则 I_i 和 I_j 同时达到允许限值，两者具有同样的优先控制级别。

（3）最优先控制的主控项目的判定

①刚性和半刚性预应力结构

对于在允许限值内结构刚度变化较小的刚性和半刚性预应力结构，各控制项目的变化量之间基本呈线性关系。因此，可选择某个合适的项目 I_i 计算后，得到向量 $\{\zeta_{ij}\}^T(j=1,2,\cdots,m)$，最大值 ζ_{ij} 对应的 I_j 即为最优先的主控项目。

②柔性结构

对于具有很强非线性的柔性预应力结构，各控制项目的变化量之间可能存在非线性关系。因此，可对每个项目 $I_i(i=1,2,\cdots,m)$ 计算后，得到矩阵 $[\zeta_{ij}]$，若第 1 行向量 $\zeta_{1j}>1$ 的元素数量为 k，则项目 I_1 的控制顺序号为 $k+1$，…，以此类推，确定出各项目的控制顺序号，顺序号为 1 者为主控项目。

2.5.2 弦支穹顶结构预变形分析技术

弦支穹顶结构是由上部刚性网壳和下部柔性的索杆张拉体系共同构成，其施工过程精度要求较高，为了达到建筑形式要求和使用工程要求，施工前必须对其进行预变形分析。同时，除了预变形分析外，弦支穹顶结构的预应力施工并非一次张拉到位，通常按照分级、分批的原则逐步张拉到位，因此每步张拉后的结构性态精度要求较高，需要对每步施工状态进行找力找形分析及施工全过程模拟，在此基础上才能使预变形在各步施工中得以实现。

预应力钢结构的状态分为零状态、初始预应力状态（简称初始态）和工作预应力态（简称荷载态）：

零状态：上部网壳（或部分网壳）和下部索杆安装就位但没有进行张拉时的状态；在数值模拟中对应数值模型建立完毕，而未进行计算的状态；

初始态：下部结构张拉完毕后，体系在自重和预应力作用下的平衡状态；在数值模拟中对应数值模型在考虑自重的情况下计算完毕的状态；

荷载态：体系在初始态的基础上，承受其他外荷载时的受力状态；在数值模拟中对应为数值模型在考虑外荷载的情况下计算完毕后的状态。

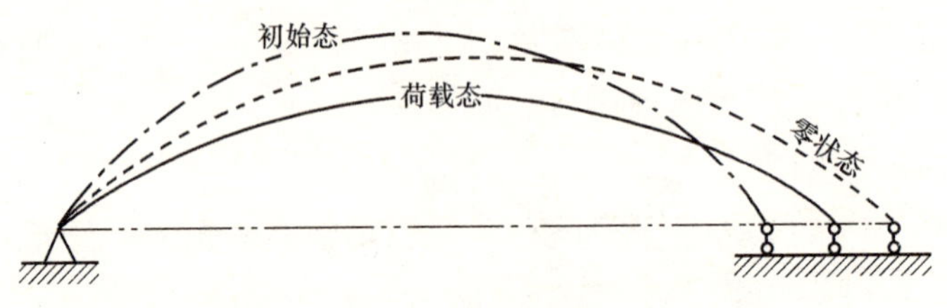

图 2.5.2-1　弦支穹顶的三个状态

可见，三个状态（如图 2.5.2-1 所示）分别对应的是：拼装阶段、张拉成形阶段和使用阶段。其中，拼装阶段和张拉成形阶段属于结构施工，因此预应力施工分析主要针对的是零状态和初始态。

设计时，先确定结构的初始态，包括：结构几何、构件拓扑关系、约束条件、连接方式以及初始预应力等；然后进行工作态分析，包括：承载能力极限状态和正常使用极限状态验算、整体稳定性分析、支座反力校核等；当工作态不满足要求时，则需调整初始态，直到工作态满足要求。可见，初始态既是结构设计的起点，也是设计的目标即结构设计就是为了寻找满足工作要求的初始态。

施工时，先按照零状态进行结构拼装，通过预应力张拉使结构成形，达到初始态。因此，零状态是施工的起点，而初始态是目标。显然，施工的目标就是实现设计的初始态。

初始态包含力和形两部分内容：力是指索力、刚构内力和支座反力等；形指主要结构尺寸（如跨度、矢高等）以及部门构件的空间姿态（撑杆垂直度）等。初始态下的力和形是相关的，力是在相应的形上达到平衡。特别是对刚度要求较弱、非线性较强或静定的结构，施工中控制形和力具有同样的重要性。为了实现初始态的力和形，首先需要的就是进行找力分析和找形分析。

2.5.2.1 找形找力分析

1. 找力分析

找力分析，就是寻求分析模型中施加在拉索上的等效预张力。拉索等效预张力是在索结构分析中，以初始应变或等效温差等方式直接施加在拉索上的非平衡力。一般工程施工中，设计初始态是已知的，施工技术人员需要寻求拉索等效预张力。在该拉索等效预张力和结构自重作用下达到设计初始态，从而进一步进行施工过程分析，确定施工张拉力、拉索生产长度和索长可调量等相关施工参数。

拉索等效预张力是计算模型中模拟拉索张拉的分析手段，具体应用可采用等效初应变或等效温差。

等效初应变：

$$\varepsilon_0 = P_0/(E\times A) \tag{2.5.2-1}$$

等效温差：

$$\Delta T_0 = -\varepsilon_0/(E\times A\times\alpha) \tag{2.5.2-2}$$

式中 P_0——拉索等效预张力；

E、A、α——分别为拉索的弹性模量、截面积和温度膨胀系数。

在结构自重等外荷载以及结构中各索的等效预张力作用下，结构发生变形，进入平衡状态，此时拉索的内力称为索力（F）。平衡态下的索力与结构刚度、外荷载以及等效预张力有关。就结构中的某根拉索 i 而言，该索的索力 F_i 是在本索的等效预张力 P_i 和其他索的等效预张力以及外荷载共同作用下产生的。该索自身的索力与等效预张力的关系为：

①当索端节点刚度很大或完全约束时，在平衡态下索端节点未发生相对变形，则：$F = P_0 > 0$。

②当平衡态下索端节点相互靠近，即拉索缩短，则：$0 < F < P_0$。

③当平衡态下索端节点相互远离，即拉索伸长，则：$F > P_0$。其中，若外载和其他拉索等效预张力的作用在索中产生的拉力，超过了所需的目标索力时，则需要在该索中施加等效正温差或等效负初应变，即负的等效预张力（等效预压力），来降低索中拉应力，达到目标索力，则 $F > 0 > P_0$；否则 $F > P_0 \geqslant 0$。

可见，初始态下的目标索力总是大于 0，但等效预张力却有可能小于或等于 0。

另外，在不同荷载工况下，结构的索力是变化的，但模拟拉索张拉的等效预张力是不变的，即索力与等效预张力的关系在不同荷载工况下是可能不同的。

找力分析可分成两步骤：①第一步确定等效预张力的分布，根据结构特点和设计初始态以及实际施工情况，确定在哪些构件上施加等效预张力；②第二步按照一定的算法确定满足已知目标条件的等效预张力值。

根据结构力学的理论，将温变荷载或初应变荷载作用在静定结构中，仅会引起结构变形，而不会产生内力；而作用在静不定结构上，则会产生结构内力以及产生由内力引起的变形。

预应力钢结构通过张拉拉索在结构中建立预应力，分析中张拉的模拟就是以等效初应变或等效温差的方式将等效预张力施加在拉索上。

在结构初始态下，索力是由结构自重和拉索等效预张力共同作用下变形协调和内力平衡的结果。根据结构形式和特点的不同，由结构自重或拉索等效预张力产生的索力占总索力的比例是不同的。如，对于静定结构，拉索等效预张力仅会影响结构变形，但并不影响索力，因其索力均由结构自重产生。

对于静定结构，在拉索中施加等效预张力的目的是控制初始状态下结构的位形或关键构件的空间姿态，如斜拉结构中控制吊点的竖向位移、桅杆的垂直度等。

对于静不定结构，在拉索中施加等效预张力的主要目的就是控制索力。在多索结构（如弦支穹顶和斜拉网格结构等）或多索段结构（如张弦梁等）的找力分析中，为达到目标索力，具体在哪些索或索段中施加等效预张力可能存在多种方式。当然，各分布方式下的等效预张力值是不同的。

如张弦梁结构，拉索等效预张力可施加在张拉端的索端上，或施加在拉索上的任一索段上，或在所有索段上均匀施加。拉索等效预张力的这些分布方式都可以实现目标索力，但对撑杆空间姿态的影响较大。若等效预张力施加在张拉索段上，则初始态下撑杆向张拉端偏摆；若施加在中间索段上，则撑杆向中间偏摆；若在所有索段上均匀施加，则撑杆间基本仍保持原有空间姿态。因此，前两个分布方式，尚需要进行索杆系零状态找形，以控制撑杆的空间姿态；而第三个分布方式，则无需索杆系零状态找形，一半都能满足工程精度要求。

拉索等效预张力的分布和具体数值，不仅影响索力状况，也对结构位形、关键结构空间姿态，对后续的零状态找形、张拉过程分析、拉索制作长度、现场索长误差调节、张拉控制等都有直接的影响。因此，对于静不定的多索（段）结构，具体在哪些索（段）上施加等效预张力，不仅与结构形式和特点，目标索力状况有关，而且尚应结合拉索施工方案，从控制结构位形、控制关键构件空间姿态以及方便计算拉索制作长度等方面予以综合考虑。

在合理确定拉索等效预张力分布方式后，即可通过找力分析确定基于该分布方式下的等效预张力值。

目前找力分析方法有两种：一是直接法；二是迭代法。

（1）直接法找力分析

在初始态分析模型中，将需要施加等效预张力的拉索从整体结构模型中去除，代之以与目标索力值一致、成对、反向的集中力偶直接作用在索端节点上，进行求解得到平衡态下索长变化量，则可根据公式（2.5.2-3）直接求得等效预张力，该方法可称之为直接法。

$$P_0 = F - (\Delta L/L) \times EA \tag{2.5.2-3}$$

式中　P_0——拉索等效预张力；

F——目标索力；

L、ΔL——分析模型中拉索的长度及其在平衡态下长度变化量。若拉索伸长，则 $\Delta L > 0$；否则，$\Delta L < 0$；

E、A——拉索的弹性模量和截面积。

该方法简单直接，索力施加明确，只需求解一次，即可确定各索的等效预张力，但缺点是：在模型中集中力偶是反向的，且位于同一拉索轴线上，但在平衡态下，对于半刚性结构和柔性结构，结构变形较大，张拉前后拉索的方向发生了变化，索端节点的相对位置可能发生较大的平动和转动，导致模拟索力的集中力偶不再在同一直线上，从而产生一定的误差，因此直接法适用于刚性结构，不宜用于半刚性结构，不适用于柔性结构。直接法的计算模型去除了需要施加等效预张力的拉索，若残余结构不稳定，则直接法不能适用。

(2) 迭代法找力分析

保持结构模型的完整性，根据一定的迭代策略，不断调整拉索的等效预张力，使平衡态下的索力满足收敛标准，称之为迭代法。

与直接法相比，迭代法保持了结构的完整性，且可采用几何非线性求解，考虑结构的大变形，从而能适用于半刚性结构和柔性结构，适用范围广；但是，迭代法需要多次调整拉索等效预张力，多次有限元求解，若迭代初值和迭代策略选择不当，则迭代难以收敛，甚至发散。

迭代法的关键是迭代初值和迭代策略，其决定了收敛速度和最终能否收敛。以下进行迭代策略的公式推导。

1) 增量比值法

有限元分析中，基于有限位移理论，采用改进的拉格郎日方法建立结构平衡方程。设第 $i-1$ 次迭代调整拉索等效预张力后的结构平衡方程为：

$$[k]^{(i-1)}\{\delta\}^{(i-1)} = \{p_0\}^{(i-1)} + \{g\} \tag{2.5.2-4}$$

式中　$\{p_0\}^{(i-1)}$——第 $i-1$ 次迭代调整后的拉索等效预张力向量；

$[k]^{(i-1)}$——施加等效预张力 $\{p_0\}^{(i-1)}$ 时平衡态下的结构整体刚度矩阵；

$\{\delta\}^{(i-1)}$——施加等效预张力 $\{p_0\}^{(i-1)}$ 时平衡态下的节点位移向量；

$\{g\}$——结构自重和其他外荷载的荷载向量。

尽管某些预应力钢结构较柔，零状态和平衡态下的结构位形变化较大，即零状态和平衡态下结构刚度不同，但仍可假定前后两次调整拉索等效预张力后，在平衡态下的结构刚度变化较小，即近似取 $[k]^{(i-1)} = [k]^{(i)}$。则第 i 次迭代平衡态下的结构平衡方程为：

$$[k]^{(i-1)}\{g\}^{(i)} = [p_0]^{(i)} + \{g\} \tag{2.5.2-5}$$

将式（2.2.1-20）与式（2.2.1-21）相减，可得：

$$\{\Delta\delta\}^{(i)} = ([k]^{(i-1)})^{-1}\{\Delta p_0\}^{(i)} \tag{2.5.2-6}$$

式中 $\{\Delta\delta\}^{(i)}$ ——第 i 次迭代的位移增量向量，即：$\{\Delta\delta\}^{(i)} = \{\delta\}^{(i)} - \{\delta\}^{(i-1)}$；

$\{\Delta p_0\}^{(i)}$ ——第 i 次迭代的拉索等效预张力增量向量，即：

$$\{\Delta p_0\}^{(i)} = \{p_0\}^{(i)} - \{p_0\}^{(i-1)} \tag{2.5.2-7}$$

若假定群索结构中，各索之间的索力相互影响较小，可忽略，则对其中某索单元 j 而言，改变其等效预张力，则其索端节点位移增量为：

$$\{\Delta\delta\}_j^{(i)} = ([k]_j^{(i)})^{-1}\{\Delta p_0\}^{(i)} \tag{2.5.2-8}$$

式中 $\{\Delta\delta\}_j^{(i)}$ ——索单元 j 的位移增量向量；

$\{\Delta p_0\}^{(i)}$ ——索单元 j 的等效预张力增量向量。

索单元 j 中存在的等效初应变为：

$$\varepsilon_{0j} = p_{0j}/(E_j \times A_j) \tag{2.5.2-9}$$

索单元 j 中的应力为：

$$\sigma_j^{(i)} = E_j([B]_j\{\delta\}_j^{(i)} - \varepsilon_{0j}^{(i)}) = [s]_j\{\delta\}_j^{(i)} - E_j\varepsilon_{0j}^{(i)} \tag{2.5.2-10}$$

式中 $[B]_j$ ——索单元 j 的应变矩镇阵；

$[s]_j$ ——索单元 j 的应力矩阵。

式（2.5.2-10）的增量方程为：

$$\Delta\sigma_j^{(i)} = [S]_j\{\Delta\delta\}_j^{(i)} - E_j\Delta\delta_{0j}^{(i)} \tag{2.5.2-11}$$

将式（2.5.2-8）代入式（2.2.1-11）得：

$$\Delta\sigma_j^{(i)} = [S]_j[K]^{-1}\{\Delta P_0\}_j^{(i)} - E_j\Delta\delta_{0j}^{(i)} \tag{2.5.2-12}$$

将式（2.5.2-12）两边同时乘以第 j 根拉索的截面积 A_j，可得：

$$\Delta\sigma_j^{(i)}A_j = [S]_j[K]^{-1}\{\Delta P_0\}_j^{(i)}A_j - E_j\Delta\delta_{0j}^{(i)}A_j \tag{2.5.2-13}$$

由于索力增量 $\Delta F_j = \Delta\sigma_j A_j$，等效预张力增量 $\Delta P_{0j} = E_j\Delta\varepsilon_{0j}A_j$，故式（2.5.2-13）改写为：

$$\Delta F_j^{(i)} = [S]_j\ ([K]_j^{(i)})^{-1}\Delta P_{0J}^{(i)}A_j - \Delta P_{0j}^{(i)} \tag{2.5.2-14a}$$

即：
$$\Delta F_j^{(i)}/\Delta P_{0j}^{(i)} = [S]_j\ ([K]_j^{(i)})^{-1}A_j - 1 \tag{2.5.2-14b}$$

根据前第 $i-1$ 次的计算结果，预测估计第 i 次迭代的机构刚度为 $[K]^{(i)} = [K]^{(i-1)}$，则：

$$\Delta F_j^{(i)}/\Delta P_{0j}^{(i)} = \Delta F_j^{(i-1)}/\Delta P_{0j}^{(i-1)} \tag{2.5.2-15}$$

以 F_j 作为第 i 次迭代的索力目标，则拉索等效扩张力的迭代公式为：

$$P_j^{(i)} = \frac{P_j^{(i-1)} - P_j^{(i-2)}}{F_j^{(i-1)} - F_j^{(i-2)}}(F_j - F_j^{(i-1)}) + P_j^{(i-1)} \tag{2.5.2-16}$$

式中 F_j ——拉索 j 的目标索力；

$F_j^{(i-1)}$、$F_j^{(i-2)}$ ——第 $i-1$ 次和第 $i-2$ 次迭代计算的索力；

P_j^i、$P_j^{(i-1)}$、$P_j^{(i-2)}$ ——第 i 次、第 $i-1$ 次和第 $i-2$ 次迭代计算的等效预张力。

对于式（2.5.2-16），假定前后两次迭代过程中索力变化增量和等效预张力增量的比值相等，故称之为增量比值法。如果等效预张力的施加基于等效初应变，则称为等效初应变增量比值法；若等效预张力的施加基于等效温差，则称为等效温差增量比值法。

$$\varepsilon_{0j}^{(i)}=\frac{\varepsilon_{0j}^{(i-1)}-\varepsilon_{0j}^{(i-2)}}{F_j^{(i-1)}-F_j^{(i-2)}}(F_j-F_j^{(i-1)})+\varepsilon_{0j}^{(i-1)} \tag{2.5.2-17}$$

式中　ε_{0j}^{i}、$\varepsilon_{0j}^{(i-1)}$、$\varepsilon_{0j}^{(i-2)}$ ——第 i 次、第 $i-1$ 次和第 $i-2$ 次迭代的等效初应变。

$$\Delta T_{0j}^{(i)}=\frac{\Delta T_{0j}^{(i-1)}-\Delta T_{0j}^{(i-2)}}{F_{0j}^{(i-1)}-F_{0j}^{(i-2)}}(F_j-F_{0j}^{(i-1)})+\Delta T_{0j}^{(i-1)} \tag{2.5.2-18}$$

式中　ΔT_{0j}^{i}、$\Delta T_{0j}^{(i-1)}$、$\Delta T_{0j}^{(i-2)}$ ——第 i 次、第 $i-1$ 次和第 $i-2$ 次迭代的等效温差。

增量比值法的迭代公式如下：

假定预应力钢结构中的拉索分为 m 组（$i=1,2,\cdots,m$），每组拉索内各索的截面和弹性模量一致，则 k 次迭代后各组拉索的等效初应变为：

$$\varepsilon^{(k)}=\begin{bmatrix}\varepsilon_1^{(k)}\\ \varepsilon_2^{(k)}\\ \cdots\\ \varepsilon_m^{(k)}\end{bmatrix}=\begin{bmatrix}\dfrac{F_1-F_1^{(k-1)}}{F_1^{(k-1)}-F_1^{(k-2)}}(\varepsilon_1^{(k-1)}-\varepsilon_1^{(k-2)})+\varepsilon_1^{(k-1)}\\ \dfrac{F_2-F_2^{(k-1)}}{F_2^{(k-1)}-F_2^{(k-2)}}(\varepsilon_2^{(k-1)}-\varepsilon_2^{(k-2)})+\varepsilon_2^{(k-1)}\\ \cdots\quad\cdots\quad\cdots\\ \dfrac{F_m-F_m^{(k-1)}}{F_m^{(k-1)}-F_m^{(k-2)}}(\varepsilon_m^{(k-1)}-\varepsilon_m^{(k-2)})+\varepsilon_m^{(k-1)}\end{bmatrix} \tag{2.5.2-19}$$

各组拉索中的索力为：

$$F^{(k)}=[F_1^{(k)}\quad F_2^{(k)}\quad\cdots\quad F_m^{(k)}] \tag{2.5.2-20}$$

判断索力误差是否满足要求：

$$e^{(k)}=\begin{bmatrix}e_1^{(k)}\\ e_2^{(k)}\\ \cdots\\ e_m^{(k)}\end{bmatrix}=\begin{bmatrix}(F_1-F_1^{(k)})/F_1\\ (F_2-F_2^{(k)})/F_2\\ \cdots\quad\cdots\quad\cdots\\ (F_m-F_m^{(k)})/F_m\end{bmatrix} \tag{2.5.2-21a}$$

且

$$\max\,(e_1^{(k)},e_2^{(k)},\cdots,e_m^{(k)})\leqslant e_{\lim} \tag{2.5.2-21b}$$

若上式满足要求，则迭代结束，否则继续第 $k+1$ 次迭代。

2）定量比值法

在某些刚性结构和半刚性结构中，如索杆系与刚构的组合预应力钢结构——张弦梁和弦支穹顶等，若去除索杆系后，残余的刚构仍能维持，且刚构刚度较大。此类结构的自重主要由刚构自身承担，而对索力的影响较小。由于找力分析主要关心的是索端节点位移和索力，若结构自重等外载对索端节点位移和索力影响很小，则在找形分析中可忽略外荷载的作用。

在增量比值法的假定和推导的基础上，再忽略外荷载的作用，即平衡方程中不考虑外荷载向量 $\{g\}=0$，则：

$$[k]^{(i)}\{\delta\}^{(i)}=\{P_0\}^{(i)} \tag{2.5.2-22}$$

就群索体系结构中的第 j 个索单元而言，对其施加等效预张力，则索端节点位移为：

$$\{\delta\}_j^{(i)}=([k]_j^{(i)})^{-1}\{P_0\}_j^{(i)} \tag{2.5.2-23}$$

将式（2.5.2-10）代入（2.5.2-23），得索单元 j 中的应力为：

$$\sigma_j^{(i)}=[S]_j([k]_j^{(i)})^{-1}\{P_0\}_j^{(i)}-E_j\varepsilon_{0j}^{(i)} \tag{2.5.2-24}$$

将式（2.5.2-24）两边同乘以第 j 根拉索的截面积 A_j，可得：

$$F_j^{(i)}/P_{0j}^i=[S]_j([k]_j^{(i)})^{-1}A_j^{(i)}-1 \tag{2.5.2-25}$$

根据前第 $i-1$ 次的计算结果，预测估计第 i 次迭代的结构刚度为：$[k]^{(i)}=[k]^{(i-1)}$，并以 F_j 作为第 i 次迭代的索力目标，则拉索等效预张力的迭代公式为：

$$P_j^{(i)}=\frac{P_j^{(i-1)}}{F_j^{(i-1)}}F_j \tag{2.5.2-26}$$

迭代公式（2.5.2-26），假定前后两次迭代过程中索力和等效预张力的比值相等，因此称之为定量比值法。若等效预张力的施加基于等效初应变，则称为等效初应变定量比值法；若等效预张力的施加基于等效温差，则称为等效温差定量比值法。

等效初应变定量比值法迭代公式为：

$$\varepsilon_{0j}^{(i)}=\frac{\varepsilon_{0j}^{(i-1)}}{F_j^{(i-1)}}F_j \tag{2.5.2-27}$$

等效温差定量比值法迭代公式为：

$$\Delta T_{0j}^{(i)}=\frac{\Delta T_{0j}^{(i-1)}}{F_j^{(i-1)}}F_j \tag{2.5.2-28}$$

定量比值法的迭代过程与增量比值法基本相同，从第 2 次迭代开始，迭代公式应采用式（2.5.2-27）或式（2.5.2-28），具体迭代过程不再累述。

3）补偿法和退化补偿法

若假定预应力钢结构符合小变形理论，如刚性结构，结构整体刚度较大，可忽略拉索等效预张力对结构刚度的影响，即假定各次迭代过程中结构刚度不变：

$$[k]^{(1)}=\cdots=[k]^{(i)}=[k] \tag{2.5.2-29}$$

将式（2.5.2-29）代入增量比值法的公式（2.5.2-25）中，则：

$$\Delta F_j^{(i)}/\Delta P_{0j}^i=[S]_j([k]_j^{(i)})^{-1}A_j^{(i)}-1=1/\lambda_j \tag{2.5.2-30}$$

若假定群索结构中各索刚度等状况一致，即：$\lambda_j=\lambda_k=\cdots=\lambda$，则各次迭代中各索的索力和等效预张力的变化值的比值为常数 λ。

$$\Delta F/\Delta P_0=1/\lambda \tag{2.5.2-31}$$

以 F_j 作为第 i 次迭代的索力目标，则拉索等效预张力的迭代公式为：

$$P_j^{(i)}=\lambda(F_j-F_j^{(i-1)})+P_j^{(i-1)} \tag{2.5.2-32}$$

从迭代公式（2.5.2-32）可见，第 $i-1$ 次迭代后索力与目标索力的索力差为 $F_j-F_j^{(i-1)}$，则在 $P_j^{(i-1)}$ 基础上增加等效预张力补偿值 $\lambda(F_j-F_j^{(i-1)})$，故称之为补偿法，其中 λ 为补偿因子。若补偿因子退化为 $\lambda=1$，则又可称为退化补偿法，其迭代公式为：

$$P_j^{(i)}=F_j-F_j^{(i-1)}+P_j^{(i-1)} \tag{2.5.2-33}$$

若等效预张力的施加基于等效初应变，则称为等效初应变补偿法，其迭代公式为：

$$\varepsilon_{0j}^{(i)}=\lambda(F_j-F_j^{(i)}/E_jA_j+\varepsilon_{0j}^{(i-1)} \tag{2.5.2-34}$$

若等效预张力的施加基于等效温差，则称为等效温差补偿法，其迭代公式为：

$$\Delta T_{0j}^{(i)}=\Delta T_{0j}^{(i-1)}-\lambda(F_j-F_{0j}^{(i-1)})/E_jA_ja_j \tag{2.5.2-35}$$

补偿法的迭代过程与增量比值法基本相同，从第 2 次迭代开始，迭代公式应采用式（2.5.2-34）或式（2.5.2-35），具体迭代过程不再累述。

4）增量比值法、定量比值法和补偿法的对比和适用性

每种迭代法，都基于一定的假定，通过不断迭代来弥补假定的不足，各迭代法的基本假定列于表 2.5.2-1 中，其相同的假定是：群索结构中索力相互影响较小，以及结构为线弹性。

迭代法假定和迭代公式 **表 2.5.2-1**

迭代方法	假　定	迭 代 公 式
增量比值法	$[k]^{(i)}=[k]^{(i-1)}$	$P_j^{(i)}=\dfrac{P_j^{(i-1)}-P_j^{(i-2)}}{F_j^{(i-1)}-F_j^{(i-2)}}(F_j-F_j^{(i-1)})+P_j^{(i-1)}$
定量比值法	$[k]^{(i)}=[k]^{(i-1)}$，$\{g\}=0$	$P_j^{(i)}=\dfrac{P_j^{(i-1)}}{F_j^{(i-1)}}F_j$
补偿法	$[k]^{(1)}=\cdots=[k]^{(i)}=[k]$，$\Delta F/\Delta P_0=\lambda$	$P_j^{(i)}=\lambda(F_j-F_j^{(i-1)})+P_j^{(i-1)}$
退化补偿法	$[k]^{(1)}=\cdots=[k]^{(i)}=[k]$，$\Delta F/\Delta P_0=1$	$P_j^{(i)}=F_j-F_j^{(i-1)}+P_j^{(i-1)}$

对于线弹性结构的假定，可将结构中的非线性单元替换为线性单元，如将不受压、不受弯、仅受拉的非线性索单元替换为链杆单元，这样有利于线性迭代，可避免迭代过程中拉索松弛引起结构失稳。当然，迭代收敛后应确保替换索的杆单元均受拉，否则需要调整拉索等效预张力的分布公式。

假定总是与实际存在一定的差异，是实际的近似，迭代法通过不断迭代修正来弥补假定的不足。迭代的收敛速度以及能否收敛，关键之一就是所采取迭代方法的假定是否接近实际。若假定与实际相差甚远甚至相悖，则迭代难以收敛。

根据上表中各迭代方法的假定和迭代公式，各迭代方法的特点为：

增量比值法的假定条件最少，显然在可适用的条件下其收敛速度更快。但存在以下问题：

①根据该法的迭代公式，其中存在分母 $F_j^{(i-1)}-F_j^{(i-2)}$，若迭代过程中出现 $F_j^{(i-1)}-F_j^{(i-2)}=0$，则迭代发散。

②从第 3 次迭代开始，拉索等效预张力的调整是根据前两次迭代的结构确定的，因此不仅是第 1 次迭代，第 2 次迭代也需要赋初值。在第 1 次迭代赋初值确定的情况下，第 2 次赋值的合理性影响了迭代的收敛速度。

③假定中包括索力之间相互影响较小。当索力之间影响较大时，原本很快的迭代过程受到群索的索力相互影响，从而出现迭代波动现象，收敛不稳定，甚至难以收敛。

当预应力的钢结构中，存在稳定的、大刚度的刚构，且自重等外载在拉索中产生的拉应力与目标索力相比为小量时，则定量比值法较为适用。

目标索力为初始状态下拉索等效预张力和结构自重共同作用下的结果，若找力分析中完全不考虑结构自重，则找力分析的平衡态与初始态差异较大，迭代难以收敛，因此采用定量比值法找力分析中仍要考虑结构自重，只是迭代调整中忽略了结构自重的影响而已。

根据假定和迭代公式，当出现以下情况时定量比值法不适用：

①根据该法的迭代公式，其中存在分母 $F_j^{(i-1)}$。若迭代过程中出现：$F_j^{(i-1)}=0$，则迭代发散。

②在某些特殊情况下，若目标索力为 0 时，即 $F_j=0$，则定量比值法不适用。

③若自重等外载在拉索中产生的拉应力超过目标索力时，则需要在拉索中施加负的等效预张力，即等效预压力，显然该情况与假定相悖，此时定量比值法无法收敛。具体原因为：

a. 设目标索力 $F_j>0$，最终所需的等效预张力真值 $F_j<0$；

b. 第 1 次迭代赋初值：$P_j^{(1)}=F_j>0$，计算得到的 $F_j^{(1)}>P_j^{(1)}>F_j>0$；

c. 根据定量比值法迭代公式，$F_j^{(1)}>P_j^{(1)}>P_j^{(2)}=\dfrac{P_j^{(1)}}{F_j^{(1)}}F_j>F_j>0$；

d. 以此类推：$F_j^{(1)}>P_j^{(1)}>\cdots F_j^{(i-1)}>P_j^{(i-1)}>P_j^{(i)}=\dfrac{P_j^{(i-1)}}{F_j^{(i-1)}}F_j>F_j>0$。

显然，$P_j^{(i)}$ 从迭代开始逐渐减小，但始终 $F_j^{(i)}>P_j^{(i)}>F_j>0$，即 $P_j^{(i)}$ 无限接近 0，但无法越过 0 成为负值，无法收敛至等效预张力真值（$P_j<0$）。

与增量比值法一样，假定中包括索力之间相互影响较小。当索力之间影响较大时，原本较快的迭代过程受到群索的索力相互影响，从而出现迭代波动现象，收敛不稳定，甚至难以收敛。

补偿法适用于结构整体刚度大，符合小变形理论，拉索等效预张力对结构刚度的影响小，且各索刚度状况基本一致的预应力钢结构。

该法的迭代公式中不存在分母，因此迭代过程不会突然出现有限元计算无法达到平衡态的情况。补偿法的收敛速度和是否收敛，关键是收敛因子 λ 的取值。过小的 λ

值，收敛速度很慢；过大的 λ 值，则拉索等效预张力补偿过多，迭代过程容易出现波动，难以收敛至允许误差范围。合理的收敛因子 λ 需要反复试算方可确定，这无疑增加了整理找力分析的时间，降低了分析效率。

若结构中各索的刚度差异较大，则会出现部分拉索等效预张力收敛较快，而部分等效预张力收敛较慢的情况，而总的收敛速度是由收敛速度最慢的那根拉索决定的，因此单一的收敛因子 λ 不能满足所有索的需要，导致收敛速度难以有效提高。

退化补偿法是补偿法的特例，即 $\lambda=1$，适用于拉索两端节点刚度大的情况，其收敛稳定，收敛速度则视具体结构情况而定。

当群索结构索力相互影响较大时，增量比值法和定量比值法对等效预张力的迭代调整显得过于“激进”，导致迭代波动，收敛不稳定，难以收敛。此时，可采用“温和”的退化补偿法。尽管收敛速度慢，但收敛稳定。

5）混合迭代法

根据增量比值法、定量比值法和补偿法的假定和迭代公式，经对比各自收敛稳定性、收敛速度和适用性后，增量比值法具有较广的适用性和更快的收敛速度，在适用范围内是首选的迭代方法。但上文也指出了它的两个问题：①迭代过程中 $F_j^{(i-1)}$ 和 $F_j^{(i-2)}$ 不能相等；②需要合理确定第 2 次迭代的初值。

而退化补偿法能很好地解决这两个问题，且具有收敛稳定的特点，因此为弥补增量比值法的不足，在增量比值法迭代过程中，当增量比值法不足或不适用时换以退化补偿法迭代公式，称之为混合退化补偿的增量比值迭代法（简称混合迭代法）。混合迭代法综合了增量比值法和退化补偿法，其中以增量比值法为主，发挥了各自的优点，弥补了对方的不足，从而实现收敛稳定、收敛速度快、适应性广等。具体迭代过程如下：

假定结构中的拉索共分为 m 组（即 $i=1,2,\cdots,m$），且每组拉所内各索的截面和弹性模量一致。

第 i 次迭代公式

①若：$F_j^{(i-1)}\neq F_j^{(i-2)}$，则采用增量比值法迭代式：

$$\varepsilon_j^{(i)}=\frac{\varepsilon_j^{(i-1)}-\varepsilon_j^{(i-2)}}{F_j^{(i-1)}-F_j^{(i-2)}}(F_j-F_j^{(i-1)})+\varepsilon_j^{(i-1)} \tag{2.5.2-36}$$

②若：$F_j^{(i-1)}=F_j^{(i-2)}$，则采用退化补偿法迭代式：

$$\varepsilon_j^{(i)}=(F_j-F_j^{(i-1)})/E_jA_j+\varepsilon_j^{(i-1)} \tag{2.5.2-37}$$

以 $\varepsilon^{(i)}$ 进行第 i 次迭代，并求得各组拉索中的实际索力 $F_j^{(i)}$。

再判断索力误差是否满足要求：

$$e_j^{(i)}=|(F_j-F_j^{(i)})/F_j| \tag{2.5.2-38}$$

若：$\max(e_1^{(i)},e_2^{(i)},L,e_4^{(i)})\leqslant e_{\lim}$，则迭代结束；否则，继续第 $i+1$ 迭代，直到收敛或达到允许迭代次数。

2. 找形分析

零状态是与初始态相对应的，初始态是在既定荷载作用下与零状态对应的平衡态。设计时，计算模型中的结构位形为设计零状态，在是施加等效预张力和结构自重后，计算求解结构进入平衡态，即为设计初始态；施工时，在支撑系统上进行结构拼装，此时结构自重由支撑系统承担，构件内基本无应力或应力较小，此时为施工零状态，当预应力张拉且拆除支撑系统后，结构成形进入施工初始态。

对于刚性结构，在等效预张力和结构自重作用下，结构变形符合小变形理论，零状态和初始态下的结构位形差异较小，即初始态下结构位形能满足建筑和相连结构的要求。对于半刚性结构，特别是柔性结构，结构变形符合大变形理论，零状态和初始态下的结构位形差异较大，初始态下的结构位形不能满足建筑和相连结构的要求。因此，不能按照设计零状态进行结构构建的制作和安装，需要确定合理的施工零状态，待结构成形进入施工初始态后，结构位形与设计零状态一致，从而满足建筑尺寸和相连结构的要求，确定施工零状态，就是零状态找形分析。

若整体结构刚度较小，或者预应力张拉时刚构的刚度较小，导致结构的外轮廓尺寸，如结构的跨度、矢高等，不能满足要求，则需要进行整体结构的零状态找形；若整体结构刚度较大，预应力张拉时刚构的刚度也较大，仅仅索杆系在张拉时位形变化较大，导致结构中部分构件的空间姿态，如撑杆垂直度，不能满足要求，则需要对索杆系进行子结构零状态找形。

（1）整体结构零状态找形分析

整体结构零状态找形分析，就是确定结构各节点的施工安装坐标。通常的分析是已知未受力的结构位形，求受力后的结构状态。但零状态找形分析与之恰恰相反，已知受力状态，求未受力的结构位形。因此，零状态找形可以采用与大悬挑桁架相同的找形方法即一般迭代法进行。弦支穹顶结构零状态找形的计算步骤如下：

① 按照目标初始态下结构各节点的坐标 X_p 建立有限元模型，并令 $X_1 = X_p$；

② 将结构自重和拉索等效预张力施加在结构中，进行非线性有限元分析，求得各节点的位移 ΔX_1。若 $X_1 + \Delta X_1$ 与 X_p 的偏差满足收敛条件，则迭代收敛，否则，调节节点坐标为：$X_2 = X_p - \Delta X_1$；

③ …

④ 对更新坐标的结构模型再次进行非线性有限元分析，求得各节点的位移 ΔX_k。若 $X_1 + \Delta X_k$ 与 X_p 的偏差满足收敛条件，则迭代收敛，否则，调节节点坐标为：$X_{k+1} = X_p - \Delta X_k$；

⑤ 循环迭代直到收敛，则更新节点坐标后的计算模型即为找形分析所求的零状态。

节点坐标更新后，结构位形发生了变化，包括拉索的长度也发生了改变，索长的变化量与索长相比是个小量，因此分析中在拉索上施加不变的等效预张力，索长的变化并不会引起索力的较大变化。若对于高非线性结构，并要求很高的精度，则可对零状态找形后的结构再次进行找力分析，重新微调拉索的等效预张力。

（2）撑杆垂直度找形分析

当整体结构刚度较大，其中刚构子结构的刚度也较大时，则预应力张拉引起的结构外轮廓尺寸变换较小，可不比对整体结构进行零状态找形。此时，应关注索杆系子结构的位形，若弦支穹顶按照未进行撑杆垂直度找形分析的空间几何形状进行安装，则安装时撑杆与环索是垂直的，环向索张拉后由于撑杆上下节点变形不一致，导致撑杆下节点向内倾斜（如图 2.5.2-2），影响建筑美观性与稳定性为了保证张拉完成时撑杆状态与设计态一致，保证撑杆与环索的垂直度，需对弦支穹顶进行撑杆与环索的垂直度找形分析，确定出无应力状态下结构安装的尺寸，按照撑杆垂直度找形分析结果进行结构安装如图 2.5.2-3。

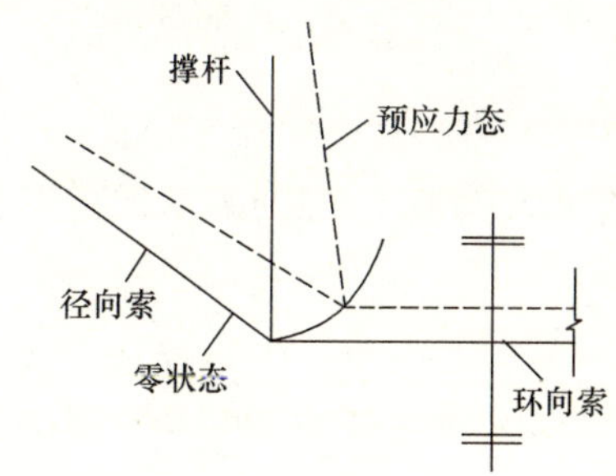

图 2.5.2-2　未进行撑杆垂直度找形

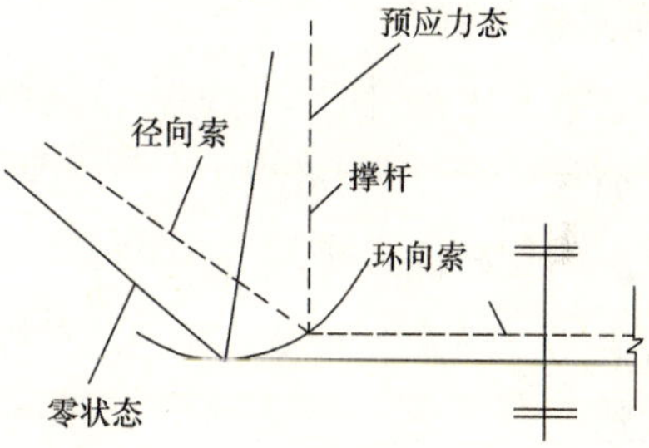

图 2.5.2-3　进行撑杆垂直度找形

针对上述情况，应进行索杆系的子结构零状态找形，以确定索杆系的零状态安装位置，待结构张拉成形后，索杆系的位形能满足设计要求。

找形分析中，索杆系子结构零状态找形与整体结构零状态找形的主要区别是：整体结构零状态找形的目标为目标初始态下节点的坐标，而索杆系零状态找形目标是索杆系中杆件的空间姿态，即杆件两端节点的空间相对坐标。因此，索杆系零状态找形中，杆件与刚构连接节点的变形直接影响杆件的安装位置。

索杆系零状态找形分析方法也可采用一般迭代法，只是迭代目标和迭代公式和整体结构零状态有所不同。若按照目标初始态的位形建立索杆系零状态找形分析的最初零状态，且针对撑杆下节点找形，则迭代目标为：最终初始态下撑杆上、下节点空间相对坐标与最初零状态一致。

$$X_{pb} - X_{pt} = X_{0b} - X_{0t} \Leftrightarrow X_b + \Delta X_b - (X_{0t} + \Delta X_t)$$
$$= X_{0b} - X_{0t} \Leftrightarrow X_b = X_{0b} - \Delta X_b + \Delta X_t$$

式中　X_{pb}、X_{pt}——最终初始态下撑杆下节点和上节点的坐标向量，其中：$X_{pb} = X_b + \Delta X_b$，$X_{pt} = X_{0t} + \Delta X_t$；

X_b、X_t——最终零状态下撑杆下节点和上节点的坐标向量，由于仅对撑杆下节点找形，因此零状态的撑杆上节点坐标向量为改变，即：$X_t = X_{0t}$；

ΔX_b、ΔX_t ——基于最终零状态的撑杆下节点和上节点位移向量；

X_{0b}、X_{0t} ——最终零状态的撑杆下节点和上节点的坐标向量。

下面对撑杆下节点进行索杆系零状态找形，迭代允许误差为 e_{lim}，则有

1）首次迭代（最初零状态）

①按照目标初始态的位形建立最初零状态，确定撑杆上、下节点坐标向量 X_{0b} 和 X_{0t}；

②施加等效预张力和结构自重，进行非线性有限元分析，得到撑杆上、下节点的位移向量 $\Delta X_b^{(1)}$ 和 $\Delta X_t^{(1)}$；

③若 $e_{max}=|X_{pb}^{(1)}-X_{pt}^{(1)}-(X_{0b}-X_{0t})|_{max}=|\Delta X_b^{(1)}-\Delta X_t^{(1)}|_{max}\leqslant e_{lim}$，则迭代收敛，停止迭代，否则继续进行下次迭代。

2）第 2 次迭代

①建立第 2 次迭代的零状态，更新撑杆下节点坐标：$X_b^{(2)}=X_{0b}-\Delta X_b^{(1)}+\Delta X_i^{(1)}$；

②施加等效预张力和结构自重，进行非线性有限元分析，得到第二次迭代的撑杆上、下节点的位移向量 $\Delta X_b^{(2)}$ 和 $\Delta X_t^{(2)}$；

③若 $e_{max}=|X_{pb}^{(2)}-X_{0b}-\Delta X_t^{(2)}|_{max}\leqslant e_{lim}$，则迭代收敛，停止迭代，否则继续进行下次迭代。

3）第 k 次迭代

①建立第 k 次迭代的零状态，更新撑杆下节点坐标：$X_b^{(k)}=X_{0b}-\Delta X_b^{(k-1)}+\Delta X_t^{(k-1)}$；

②施加等效预张力和结构自重，进行非线性有限元分析，得到第 k 次迭代的撑杆上、下节点的位移向量 $\Delta X_b^{(k)}$ 和 $\Delta X_t^{(k)}$；

③若 $e_{max}=|X_{pb}^{(k)}-X_{0b}-\Delta X_t^{(k)}|_{max}\leqslant e_{lim}$，则迭代收敛，停止迭代，否则继续进行下次迭代，直至收敛。

最终基于 ANSYS 的 APDL 语言采用一般迭代法编写弦支穹顶结构预变形分析程序，实现了该类结构的预变形分析，图 2.5.2-4 为撑杆垂直度找形分析流程图。

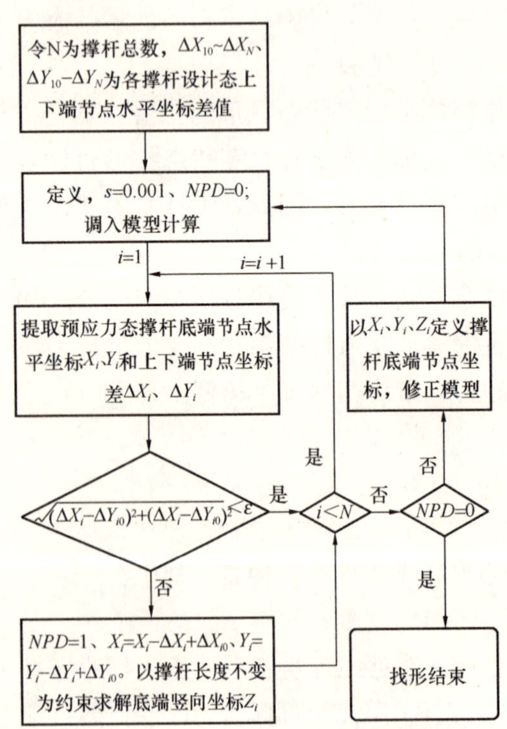

图 2.5.2-4 撑杆垂直度找形分析流程图

2.5.2.2 弦支穹顶结构施工模拟技术

完成各阶段找形和找力工作之后即可实现弦支穹顶结构的施工全过程模拟，当前主要有两大施工模拟方法可以模拟实际结构的施工张拉：

(1) 正向施工模拟法：以结构的零状态为出发点，通过施加预应力，使结构达到初始态。正向施工模拟法符合结构正常的施工过程。根据实际的施工方案，将施工过程划分为若干阶段，对每个阶段进行结构分析，得到结构施工中重要的控制参数。本文对正向施工模拟法进行研究，基于 ANSYS 有限元软件，对弦支穹顶结构施工过程进行模拟分析。

(2) 反向施工模拟法：反向施工模拟法也称为倒退分析法或倒拆法。基本过程为：以结构初始态下的几何构形与内力作为分析的起始状态，按照与实际施工步骤相反的顺序对结构的张拉单元进行放松，并计算每个放松阶段结构的可测内力与位移，直到结构的零状态。

在弦支穹顶结构的实际施工张拉过程中，一般只是针对部分索杆直接进行张拉操作。将直接张拉的单元称为主动张拉单元，其他单元称为被动单元（包括网壳中的杆件）。实际张拉施工中，由于对同一类主动张拉单元同时进行张拉存在巨大困难，一般将其分组，并将所需施加的预应力进行分批施加。使用 ANSYS 有限元软件进行施工模拟时，也仅对弦支穹顶结构的主动张拉单元进行张拉。

实际施工过程是一个连续过程，施工模拟时，已确定的每一个施工张拉步均为一个平衡态。首先，由预定的施工方案确定施工中各个平衡态的预应力状态，即主动张拉单元的内力值，在前一步张拉平衡态的基础上，确定张拉到下一个平衡态所需的预应力荷载增量，即温度荷载增量。这样，即可由结构的零状态，通过找力分析，确定达到各张拉平衡态所需的温度荷载增量，进而，依据每一施工步对应的主动张拉单元的温度荷载增量，可以依次精确的模拟跟踪施工过程，提取结构的内力、节点位移等在实际施工中可测的数据来进行实际施工张拉的控制。图 2.5.2-5 为相应的施工张拉模拟示意图。

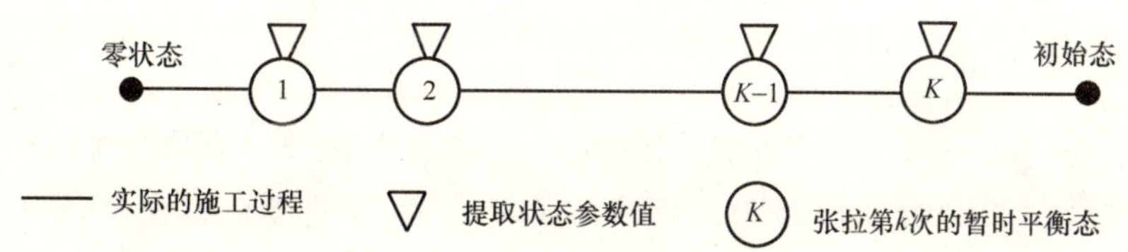

图 2.5.2-5 施工张拉过程模拟示意图

2.5.3 索长计算方法

基于平衡态索力和非平衡态等效预张力的有应力制作索长和无应力制作索长的计算方法各有不同。大型预应力钢结构工程中，应用广泛的成品索主要有两大类：平行钢丝束索和钢拉杆。成品平行钢丝束索一般包括：索体、索长调节装置、锚杯和连接件等四部分；成品钢拉杆一般包括：索体、索长调节装置和连接件等三部分（见图 2.5.3-1 和图 2.5.3-2）。拉索张拉，就是在张拉千斤顶的配合下，通过旋转调节装置来缩短索长。

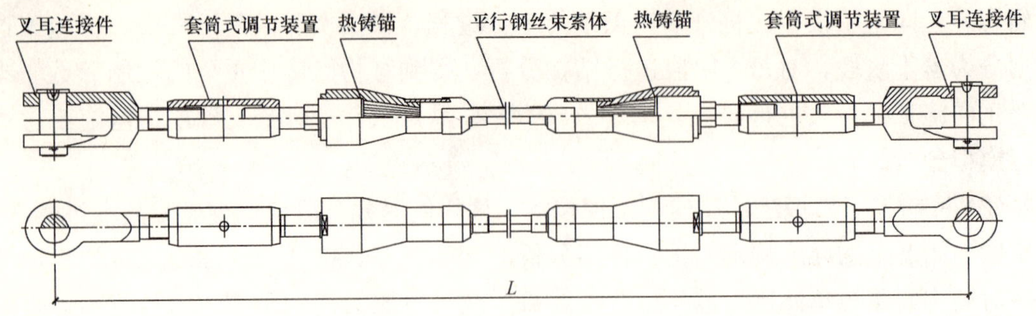

图 2.5.3-1　平行钢丝束成品索热铸锚组装示意图

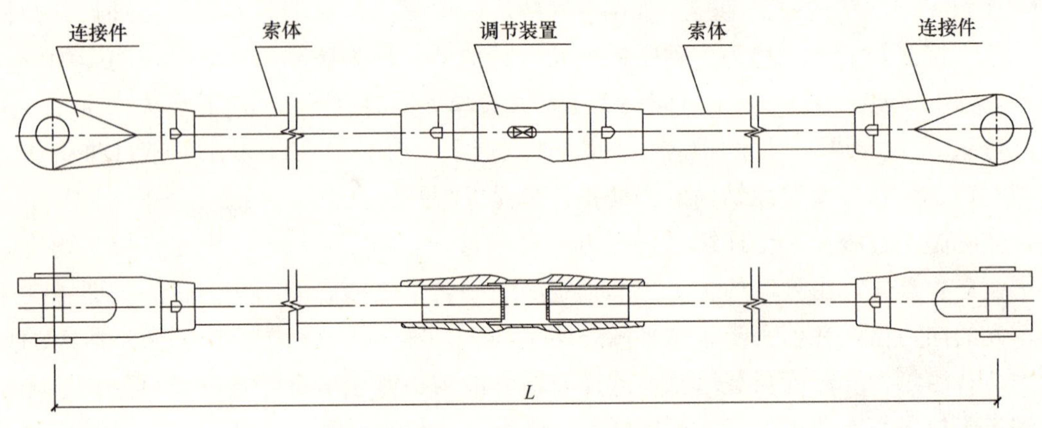

图 2.5.3-2　钢拉杆成品索组装示意图

拉索的长度与索中的拉力和调节装置的调节量有直接关系。索力越大，拉索越长；调节装置的调节量为正时，拉索伸长；当调节装置的调节量为负时，则拉索缩短。因此应明确，拉索轴线长度为调节装置的调节量为±0 时两端节点中心之间的轴线长度，简称轴线索长。该长度包含了节点板的长度。拉索制作长度为调节装置的调节量为±0 时两端销轴中心之间或两端支撑面之间的长度，即制作索长。制作（轴线）索长是基于一定张力条件。若索中存在拉力，则为有应力制作（轴线）索长；若索中无拉力，则为无应力制作（轴线）索长。

在预应力柔性结构中，拉索张拉将使结构产生较大的变形，张拉前后索端节点的距离变化较大，即张拉完后预应力状态下的索长与安装零状态下的索长存在较大的差别。若拉索根据零状态下的索长生产，索长调节装置就要适应结构变形、拉索弹性伸长、索长生产误差及结构安装误差等对索长的影响，可能导致调节范围不够，以至于拉索施工张拉力不足或者可调螺杆锚固长度不足，甚至难以挂索，或导致调节装置过长和过重，增加制索费用，增加拉索安装困难。

因此，应根据张拉完后预应力态下的索长和索力，以及张拉结构变形、拉索弹性伸长、索端节点板长度等确定拉索制作长度，而根据索长制作误差和结构安装误差等确定调节装置的调节量，这样可适当减小调节装置的尺寸和重量，减小制索费用，方便拉索安装。

如上所述，索长制作应基于一定的张力条件。与拉索直接相关的力有两个：等效预张力和索力。等效预张力是拉索模拟张拉分析的手段，其具体以等效初应变和等效温差的形式施加在拉索上；而索力，是结构在拉索等效预张力和其他荷载共同作用下达到平衡态时拉索的内力。若索端完全固定约束，且忽略拉索自重，则索力和等效预张力在数值上是相等的。

1. 制作索长的计算方法

(1) 模拟拉索张拉的分析方法

预应力钢结构张拉分析中，模拟拉索张拉的方法主要有两大类：

①直接法：在计算模型中除去拉索构件，直接将索力视为相向的集中力偶作用在结构中相应的索端节点上；

②等效预张力法：计算模型包含拉索构件，以等效初应变或等效温差的形式对拉索施加等效预张力，在其他荷载共同作用下结构平衡，拉索中产生的索力。

两种方法对比如下：

①直接法：简便易行，索力施加明确，但存在以下缺陷：预应力柔性结构在索力作用下结构变形较大，张拉前后拉索的空间位置发生变化，即改变了作用在结构上的索力方向。对于此种情况，直接法很难模拟，即索力施加方向不能适应结构的变形；对于除去拉索后不稳定的结构，直接法不适用；当荷载作用改变，拉索索力变化显著，直接法不能适用于结构的荷载分析。

②等效预张力法：由于将拉索包含在计算模型中，保证了结构的完整性，能够弥补直接法的缺陷。但该方法中索力受到等效预张力和索端节点位移共同影响，而索端节点位移与拉索的等效预张力是相关的，因此需要通过找力分析确定拉索的等效预张力。

(2) 基于索力的拉索制作长度及无应力制作索长

索长制作的索力为平衡态下的拉索内力，因此与索力相对应的拉索状态为平衡态。若索力为 F，则索力条件下的制作索长 L_{f} 为：

$$L_{\mathrm{f}} = L_0 + \Delta l - L_j \tag{2.5.3-1}$$

式中　L_{f}——基于索力的拉索制作长度；

L_0——零应力安装状态下节点之间的轴线索长；

L_j——索端节点板的长度；

Δl——平衡态下索端节点变形引起的索长变化量。

若释放索力，则制作索长 L_{f} 回缩至无应力长度 L_{n}：

$$L_{\mathrm{n}} = L_0 + \Delta l - \frac{FL_0}{EA} - L_j \tag{2.5.3-2}$$

式中　L_n——无应力制作索长；

F——平衡态下的索力；

Δl——索力 F 下的拉索弹性伸长量；

E、A——拉索弹性模量和截面面积。

(3) 基于等效预张力的拉索制作长度及无应力制作索长

等效预张力以等效初应变或等效温差施加在拉索上的非平衡力。因此，与等效预张力对应的拉索状态为零状态，即基于等效预张力的拉索制作长度 L_p 为：

$$L_p = L_0 - L_j \tag{2.5.3-3}$$

式中　L_p——基于等效预张力的拉索制作长度。

如释放等效预张力，则制作索长 L_p 回缩至无应力长度 L_n：

$$L_n = L_0 - \frac{PL_0}{EA} - L_j \tag{2.5.3-4}$$

(4) 两者的关系和对比

非平衡态的等效预张力与平衡态的索力的关系为：

$$P = F - \frac{\Delta l \cdot EA}{L_0} \tag{2.5.3-5}$$

将式 (2.5.3-5) 代入 (2.5.3-4) 中得到：

$$L_n = L_0 + \Delta l - \frac{FL_0}{EA} - L_j \tag{2.5.3-6}$$

由上可见，基于等效预张力的有应力制作索长和基于索力的有应力制作索长对应的无应力制作索长是相同的，即：无论基于索力计算，还是基于等效预张力计算，都能得到相同的无应力制作索长。有应力制作索长可分为索力制作索长和等效预张力制作索长。

2. 无应力制作索长

已知初始态索力 F 的情况下，若采用基于索力的无应力制作索长计算公式，则需要通过有限元求解平衡态下索端节点变形引起的索长变化量 Δl；若采用基于等效预张力的无应力制作索长计算公式，则需要通过找力分析确定拉索的等效预张力 P。

求解 Δl 可采用直接法，但直接法有较多缺陷。为了精确计算和保证结构完整性，应采用等效预张力法，需要进行找力分析，因此采用基于等效预张力的无应力制作索长计算公式相对简便。

3. 有应力制作索长

由于拉索制作时，为精确测量其制作长度，都是在一定张力条件下测量的，而不是处于无应力状态下测量，因此实际施工时的拉索制作长度，并不需要提供无应力制作索长，可直接基于索力或等效预张力制作索长，简便了索长计算，但应注意，必须标明张力条件（索力或等效预张力）。

根据设计已知条件，为简化计算，可采用不同的有应力制作索长。

①若设计明确施工图纸中的结构尺寸为初始态尺寸，且标明初始态索力，即已知初始态下结构的位形和索力，则施工图纸中的轴线索长扣除节点板长度后，就得到基于初始态索力的制作索长。

②若设计明确施工图纸中的结构尺寸为安装尺寸，且标明初始态索力，即已知零状态下结构的位形和初始态索力，则需要进行找力分析，确定拉索等效预张力，而施工图纸中的轴线索长扣除节点板长度后，就得到基于等效预张力的制作索长。

总之，由于张拉过程分析的需要，预应力钢结构一般都要进行找力分析，因此，与其他制作索长比较，基于等效预张力的制作索长更简便，除非已知初始态下结构的位形和索力，此时基于初始态索力的制作索长更加简便。

按照上述制作索长进行拉索制作后，调节装置的调节量仅需满足索长制作误差、结构安装误差及分析误差，从而减小了调节装置的尺寸和重量，减小了制索费用，有利于拉索安装。

应注意：当采用基于等效预张力的制作索长时，同一根拉索内的各索段的等效预张力应一致，如张弦梁的下弦索，找力分析时应在同根素上的各索段施加相同的等效预张力；弦支穹顶的环索，应在同一环索上施加相同的等效预张力，因此，找力分析中确定拉索等效预张力分布方式时，应考虑制作索长的确定。

2.5.4　基于等效预张力的正算法张拉过程分析理论和方法

预应力钢结构施工图中，一般会明确设计初始态的索力值（设计索力）。由于张拉设备和其他条件的限制，拉索张拉时不可能对结构中的所有索同时张拉至设计索力，一般都分批分级地进行张拉。整体结构的施工过程通常为：

(1) 在支撑上安装刚构和索杆系；

(2) 分批分级张拉拉索；

(3) 主动脱架或被动脱架，结构成形达到初始态。

施工过程中，结构构件与支撑系统构成了一个施工临时结构。该施工临时结构随着施工过程发生非线性变化，主要为：

1. 结构体系的转换

(1) 刚构和拉索安装时，刚构和拉索自重由支撑系统承担，支撑系统构成了该阶段的施工临时结构；

(2) 刚构安装完毕，拉索分批分级张拉时，刚构、已张拉拉索及支撑系统构成该阶段的施工临时结构；

(3) 拉索张拉完毕，主动或被动脱架后，施工临时结构转化为永久的设计结构。

2. 非线性接触

支撑与刚构的接触状态是随着张拉过程变化的。当某支撑承压，其与刚构之间为接触状态；当某支撑与刚构脱开，与刚构之间为非接触状态。

3. 几何非线性

张拉过程中，当张拉某根拉索时，设计结构尚未完全成形，此时由于刚构和已张拉拉索构成的半成品结构的刚度小于成品结构（设计结构或永久结构），在张拉力作用下，半成品结构变形较大，存在较大的几何非线性。

4. 先后批次张拉的拉索存在索力相互影响

后续拉索张拉，引起半成品结构变形，导致已张拉拉索的索力发生变化，即：若某根索按照设计索力张拉，则待后续其他拉索张拉后，该索的索力已发生变化，与设计索力发生偏差。

总之，由于施工结构体系转换、非线性接触、几何非线性和索力相互影响等原因，使分批分级的拉索张拉过程非常复杂。因此，有必要在拉索张拉前，根据施工方案，进行张拉过程分析，其具体目的有：

(1) 对施工方案的合理性和可行性进行评估，对比和优化施工方案；

(2) 掌握关键施工阶段的结构状态和特性；

(3) 验算主要阶段施工临时结构（包括支撑系统）的安全性，确保半成品结构的应力处于弹性应力范围内；

(4) 为施工提供必要的施工参数，如每根索每次张拉时的张拉力、拉索张拉伸长量等；

(5) 为施工控制和监测提供理论依据和数据。

5. 张拉过程分析理论和方法

张拉过程分析理论主要有三大类：状态变量叠加法、反算法和正算法。

(1) 状态变量叠加法

状态变量叠加法，以凝固的时间点将连续的施工过程划分为若干施工时间段，假定每个时间段内施工临时结构及其荷载不变，对各时间段的施工临时结构进行求解，获得各时间段施工临时结构的状态（如内力和变形等）变化量，最终结构状态为各时间段的施工临时结构状态（如内力和变形等）的变化量之和。

该方法较简单，各时间段的分析顺序并非需要与施工过程完全一致，适用于支撑条件简单、刚度较大的线性结构。其缺点是：

①对非线性接触难以模拟。若支撑系统的支撑点较多，如满堂支撑系统，则计算非常繁杂，难以适用；

②状态变量叠加法最后将各时间段的状态变量简单的线性叠加，这对于存在较强几何非线性半成品结构的施工过程，仅是个近似计算。

因此，状态变量叠加法对于支撑点较多或半刚性和柔性预应力钢结构的张拉过程模拟并不适用。

(2) 反算法

反算法的分析过程与实际张拉过程正好相反，通过倒拆或拉索张力松弛等手段，来反向跟踪施工过程。对于预应力钢结构张拉过程分析，由于反算法直接从已知的目标设计初始态开始，逆向分析各批次张拉的未知状态，计算简便。

反算法适用的关键是正向施工的结构状态路径与反向分析的结构状态路径必须重合，而不仅仅是闭合，即过程应具有保守性。对于非保守的过程，反算法是不合适的。

(3) 正算法

正算法的分析过程与实际张拉过程一致，即分析路径与施工路径重合。显然，与施工过程同顺序进行分析，符合工程实际，无需关注过程保守性问题，且分析中的非线性问题能通过采用非线性有限元分析方法得到较好的解决。

预应力钢结构施工的目的就是实现设计初始态。当正算法应用于预应力钢结构张拉过程分析时，已知的是分析终点的目标设计初始态，而分析的起点确是未知的，这给正算法的应用带来了问题。

为了解决这个问题，将找力分析引入到张拉过程分析中，提出基于等效预张力的正算法张拉过程分析。

6. 基于等效预张力的正算法张拉过程分析

(1) 张拉过程的拉索等效预张力

正算法按照张拉过程进行分析，当计算至对某根索张拉时，需要该索的施工张拉力，由于索力相互影响及结构非线性等原因，为最终达到目标索力，施工张拉力并不等于目标索力，而是未知的、待求的参数。

索力是拉索等效预张力和其他荷载作用下结构达到平衡态时的拉索内力，其变化相当活跃，在施工过程和使用过程中不断变化。等效预张力是以等效初应变或等效温差的形式施加在拉索上，模拟拉索张拉的媒介手段。当结构张拉成形后，拉索中的等效预张力并不会随荷载（包括结构自重、环境温度等）和结构形状的变化而变化。施工过程中，当某拉索张拉后，在其再次张拉之前，该索内的等效预张力是不变的，因此等效预张力在施工过程中具有相对稳定和在使用过程中恒定的特点，即拉索等效预张力只有对该索再次张拉时才会改变。

张拉过程中对某根（批）索张拉的施工张拉力，就是施工临时结构在该根（批）索和已张拉索的等效预张力及半成品结构自重作用下达到平衡态时的索力，因此正算法所需的施工张拉力，可转为等效预张力。而求解等效预张力的问题，可通过找力分析解决。

当拉索分批次张拉时，在张拉方案中应明确每次所有拉索张拉完毕后的索力值。由于每次张拉完毕后的索力值是已知的，因此可通过找力分析确定每次张拉的拉索等效预张力。与设计初始态找力分析不同，张拉过程找力分析应建立符合实际施工状况的临时施工结构的整体模型，包含支撑系统和预应力钢结构等。当各级次张拉的等效预张力确定后，即可采用正算法进行张拉过程分析。当计算至第 i 次对第 j 根索张拉时，只要在施工临时结构中将该索的第 i 次张拉的等效预张力 P_{ij} 施加在该索上即可，求解后得到的索力就是该索第 i 次张拉的施工张拉力 F_{ij}。当某次张拉过程中拉索张拉顺序发生变化，该次张拉的等效预张力不变，而施工张拉力是变化的，可见等效预张力具有良好的稳定性。

(2) 基于等效预张力的正算法张拉过程分析的方法和步骤

假定某预应力钢结构工程有 k 根拉索，已知设计初始态的基准温度 T_s，结构位形及拉索索力 F。预计施工时环境温度为 $T_c(T_c \neq T_s)$，施工方案确定为：刚构和索杆系在支撑体系上安装，待刚构安装完毕后在支撑上开始张拉拉索。将拉索分为 m 批 n 次张拉完成，且明确每次所有索张拉后的索力值；为避免支撑对结构成形的影响，在 $n-1$ 次张拉结束后，主动脱架，然后在无支撑点的情况下最后一次张拉。

未考虑结构非线性，分析中均采用非线性有限元求解。基于等效预张力的正算法张拉过程分析的方法和具体步骤如下：

①采用迭代正算法找力分析，计算施工环境温度 T_c 下的施工初始态及施工等效预张力 P_c。

②根据需要进行全结构零状态找形或索杆系子结构零状态找形，确定零状态结构位形。

③以零状态结构位形建立包含支撑体系的完整的临时结构模型。

支撑可采用仅受压、不受拉的非线性杆单元，模拟支撑与刚构的非线性接触；拉索采用仅受拉、不受压、不受弯的索单元；其他构件根据受力特点选用梁单元或杆单元等。

由于通常施工中，支撑顶部设置千斤顶或可调托等装置以调整安装标高，因此模拟支撑的近受压非线性杆单元可设定为大刚度和无自重。但需要设定材料温度膨胀系数，以便于后面模拟主动脱架。

④在施工临时结构模型上，以各次张拉完毕的目标索力进行找力分析，确定各次张拉的施工等效预张力 P_{ci}（第 i 次张拉的施工等效预张力），其中最后一次的施工等效预张力 P_{cn} 即为第一步确定的 P_c。

⑤按照施工方案中的张拉顺序，依次进行第 i 次（$i=1,2,\cdots,n-1$）张拉过程分析。当对第 j 根拉索张拉分析时：

a. 对于一次都未张拉的拉索，可施加较大的负等效预张力（即等效预压力），使拉索松弛，不参与整体结构刚度；

b. 对于本次已张拉和正在张拉的拉索，则施加该次张拉的等效预张力 P_{ci}；

c. 对于本次尚未张拉，但上次已张拉的拉索，则施加上次张拉的等效预张力 $P_{c(i-1)}$；

d. 求解得到施工临时结构的平衡态，获取该根拉索张拉后的结构响应，如：结构变形、构件应力及已张拉索的索力等。其中，该索的索力即为第 i 次张拉的第 j 根拉索的施工张拉力 F_{ij}；

e. 进行完第 $n-1$ 次所有索的张拉分析后，按照施工方案需要主动脱架。此时，仅要在所有拉索上施加第 $n-1$ 次的施工等效预张力 $P_{c(n-1)}$，然后再在支撑上施加较大的正初应变或较大的负温差，是支撑回缩以模拟主动脱架，最后求解得主动脱架后的结构状态；

f. 第 n 次张拉过程分析。按照第 n 次张拉顺序，依次施加第 n 次张拉的施工等效预张力 P_{cn}，即可得第 n 次第 j 根拉索张拉后的结构状态及相应的施工张拉力。

(3) 基于等效预张力的正算法张拉过程分析的关键

①用迭代正算法，由基准温度 T_s 下的设计初始态确定施工环境温度 T_c 下的施工初始态；

②用零状态找形，确定结构安装零状态；

③通过找力分析，确定拉索各次张拉的施工等效预张力；

④张拉过程分析，采用基于结构安装零状态，包含支撑体系的完整的施工临时结构模型；

⑤按照张拉次数和每次的张拉顺序，依次在拉索上施加各次张拉的施工等效预张力，确定各次各索张拉的结构状态机相应的施工张拉力；

⑥采用仅受压的非线性杆单元模拟支撑，在其上施加较大的负温差或较大的正初应变模拟主动脱架；

⑦采用仅受拉的索单元模拟拉索，在其上施加较大的负等效预张力（即等效预压力），使其松弛来模拟尚未张拉的拉索。

基于等效预张力的正算法张拉过程分析，是个完整的张拉过程分析系统，综合考虑了设计基准温度和施工环境温度的差异、过程的非保守性、零状态和初始态的结构位形差异、支撑与刚构的非线性接触、索力的相互影响、施工临时结构体系的转换、结构几何非线性等，分析过程与施工过程完全一致，准确跟踪了结构状态路径。

2.6 超高层混凝土筒体结构预变形分析

针对超高层结构变形累积的特点，采用阶段变形补偿法对其进行施工过程中的预变形分析。具体做法如下：首先对结构进行无预变形处理的施工全过程模拟，得到施工成型时的各层竖向变形值 Δn_0，进行施工全过程模拟，将变形按照施工阶段并剔除前步变形及预变形影响反号叠加到设计位形上，通过迭代，得到结构各施工楼层在相应施工阶段的预变形控制值，使结构在施工结束时满足设计位形要求。

超高层结构竖向变形累积问题主要体现在结构竖向位移和框筒内外相对竖向变形，因此其预变形包括竖向位移预变形和框筒内外相对竖向变形预变形两部分，首先以结构核心筒竖向位移为控制目标建立核心筒竖向位移预变形分析技术，之后以框筒内外相对竖向变形为控制目标，建立框筒内外相对竖向变形预变形分析技术，将二者集成之后形成完整的超高层结构施工竖向预变形分析技术，如图 2.6-1 为预变形分析流程图。

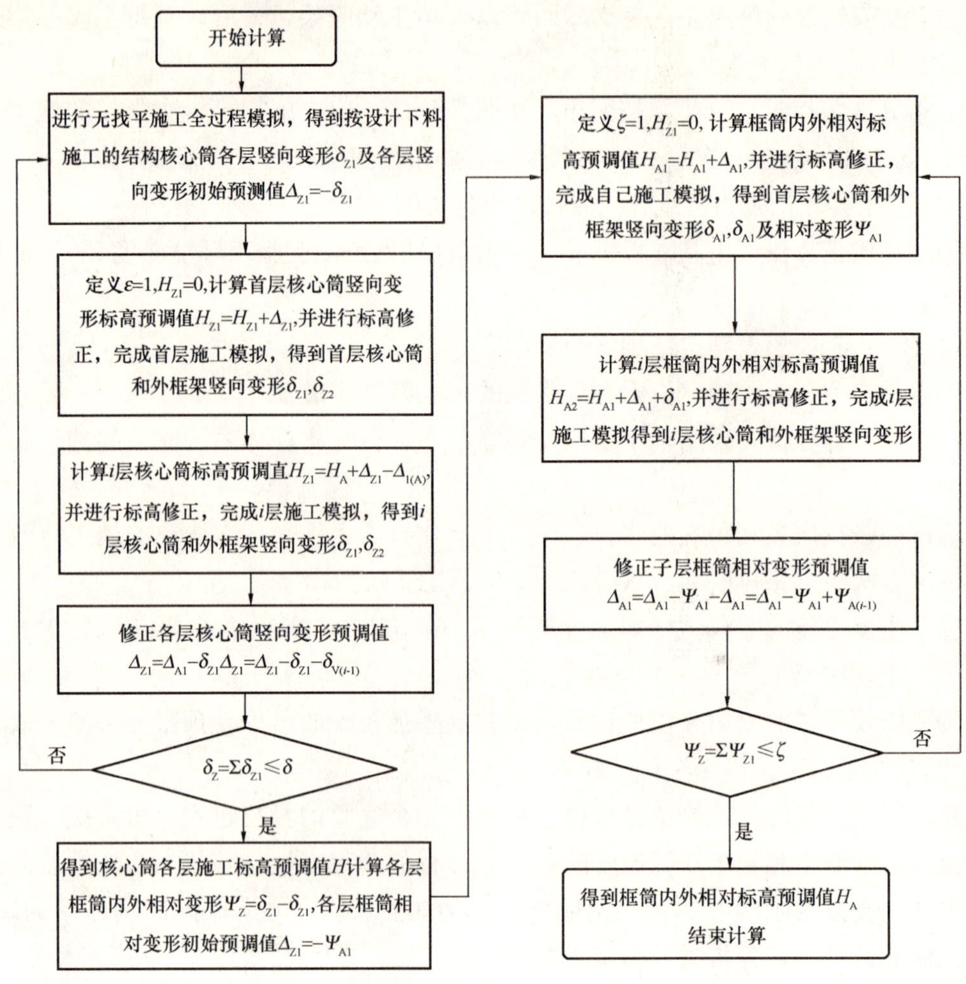

图 2.6-1　超高层混凝土筒体预变形分析流程图

2.6.1　超高层建筑预变形分析规律

(1) 柱累积压缩变形的规律通常如图 2.6.1-1 所示。施工模拟计算中，变形是以单元激活后作为计算起点，所以最上方结构的 Z 向变形计算值通常会很小。这与“整体模型、一次加载”得到的最上方结构 Z 向变形最大的结构概念上存在差别；将各段柱压缩变形累积后方与整体模型、一次加载后具有一定的可比性。

(2) 由于混凝土收缩和徐变的存在，混凝土的轴力在达到峰值后，会出现一个缓慢的卸载过程。钢管混凝土柱中钢管与混凝土分担轴力随时间的历程曲线如图 2.6.1-2。

考虑徐变和收缩因素后对钢管混凝土构件来讲，其混凝土部分的内力会逐渐减小，其减小部分的轴力将向钢柱部分转移，造成钢柱部分的轴力增加。外柱总轴力基本保持不变，而内柱总轴力略有减小，内柱轴力向钢板剪力墙部分转移。

(3) 徐变引起的柱顶竖向位移所占比重较大，基本达到弹性位移的50%，而收缩位移所占的比重较小。以天津津塔建筑的38层外柱柱顶来说，具体数值是最大总位移为48.9mm，其中弹性位移为29.4mm，占60.3%；徐变位移为15.0mm，占30.6%；收缩位移为4.5mm，占9.1%（图2.6.1-3）。

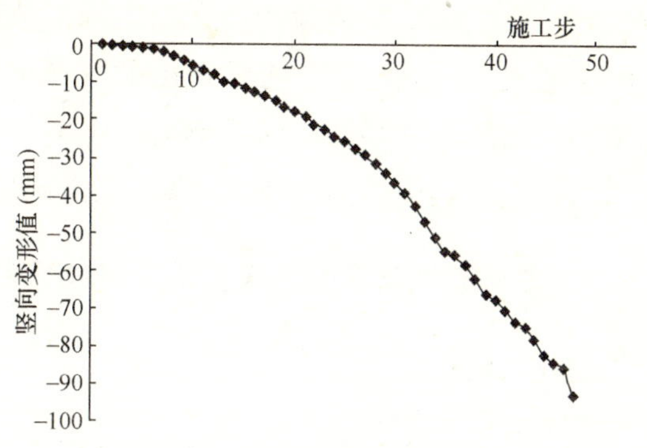

图2.6.1-1 柱顶累积压缩变形曲线（天津津塔项目）

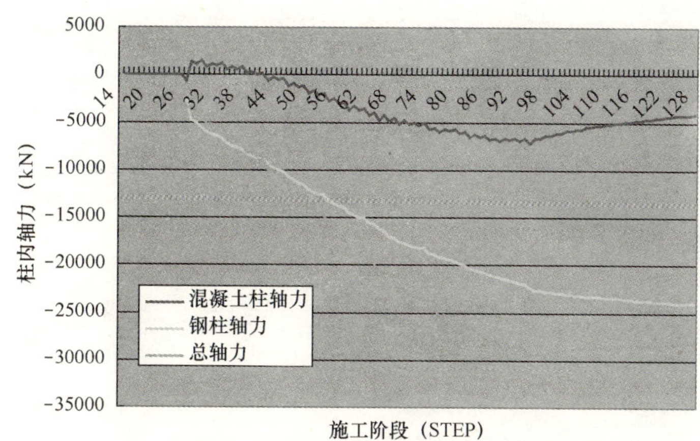

图2.6.1-2 天津津塔项目第21层内柱轴力-时间历程曲线（m）

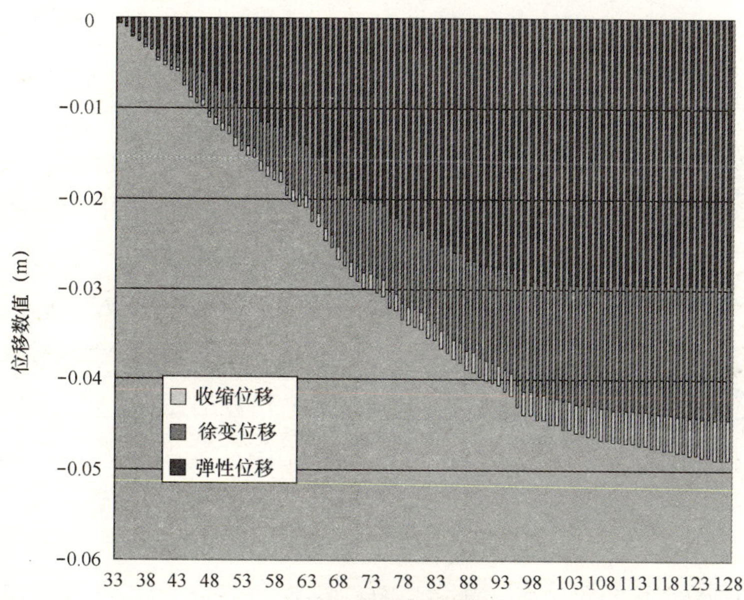

图2.6.1-3 38层外柱柱顶弹性位移、徐变位移、收缩位移对比结果（m）

（4）柱顶施工安装预调值和加工预调值规律：施工安装预调值规律通常为沿高度方向中间大，两端小；加工预调值的规律通常为沿高度方向下大上小。需注意，由于地基不均匀沉降的存在，而找形时最下方地下室的顶板仍需保持水平，所以最底层地下室的杆件预调值差异性较大。（加工预调值和施工安装预调值详见 2.3.1～2.3.5 节）

2.6.2 考虑沉降及混凝土收缩徐变影响预变形分析技术

超高层建筑施工预变形计算分析时，地基基础的不均匀沉降及混凝土收缩徐变对计算结果有较大影响。

（1）地基不均匀沉降的影响考虑方法：在上部结构计算模型基础上，增加结构底部筏板单元。其中筏板采用实体单元（Solid45）模拟，筏板下部桩基及土采用分布式弹簧加以考虑。对带地基的结构计算模型，进行施工模拟及预变形迭代计算分析，可得到考虑施工模拟和地基沉降影响因素的施工安装预调值和加工预调值（图 2.6.2-1）。

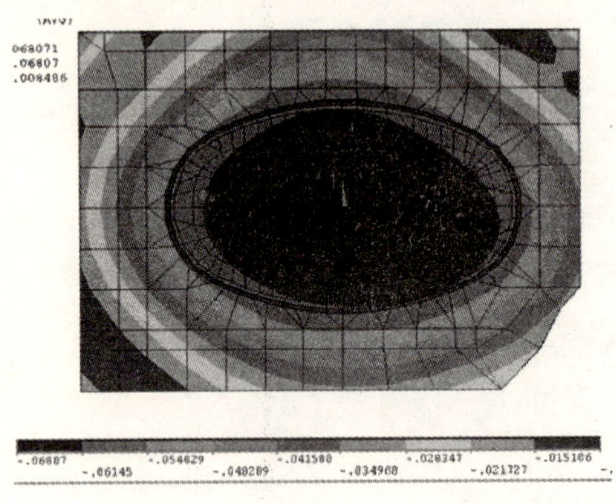

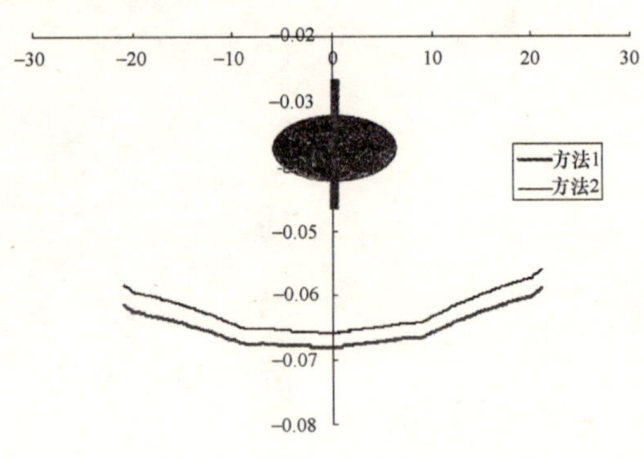

图 2.6.2-1　地基土绝对沉降量分布云图（左）、筏板顶面 Y 轴剖面沉降曲线（右）

由于地基基础的均匀沉降对上部结构层高以及相对位形不产生影响，因此，地基均匀沉降对施工安装预调值的影响不予考虑。

（2）混凝土徐变和收缩总是同时发生的，并导致结构构件变形增大以及构件应力的重新分配；但两者之间又存在本质的区别，徐变与混凝土构件的应力水平密切相关，而收缩则与应力水平无关。考虑混凝土收缩和徐变后，尽管内外柱不同分段施工安装预调值的放大倍数不完全相等，但总体来看，除上部数个分段外，安装预调值放大倍数均在 1.5 附近（图 2.6.2-2）。

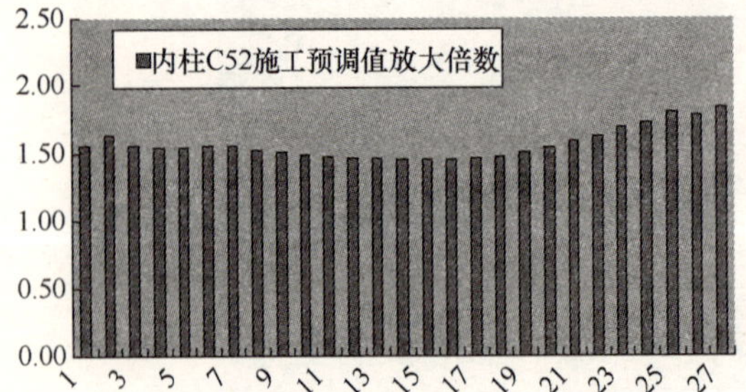

图 2.6.2-2　考虑混凝土收缩徐变后，内柱不同分段施工安装预调值—安装预调值放大倍数的关系曲线

（3）考虑混凝土收缩和徐变影响后，不同阶段的施工安装预调值见图 2.6.2-3；加工预调值的见图 2.6.2-4。需注意，由于地基不均匀沉降的存在，而找形时最下方地下室的顶板仍需保持

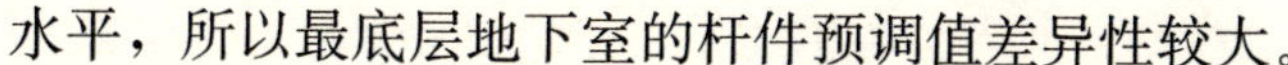
水平，所以最底层地下室的杆件预调值差异性较大。

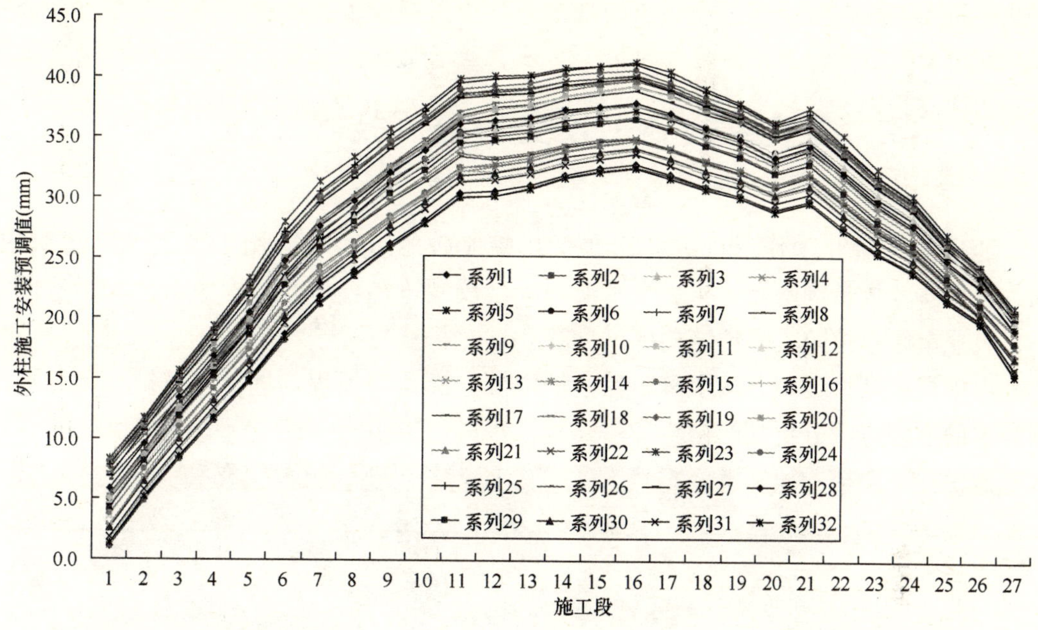

图 2.6.2-3　柱顶施工安装预调值

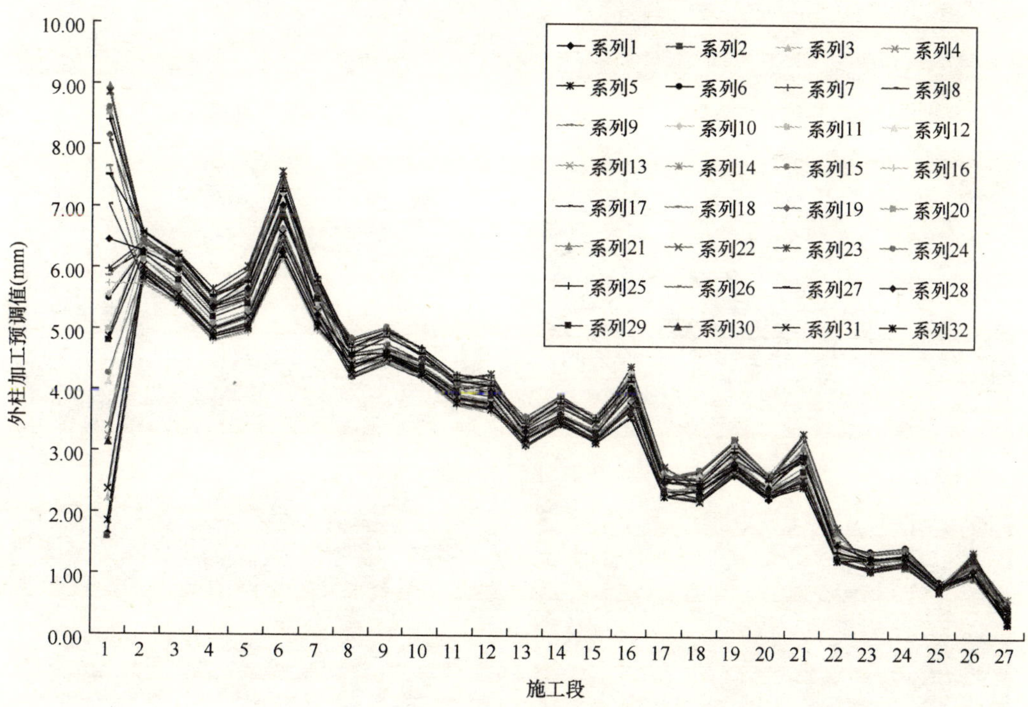

图 2.6.2-4　不同施工段外圈柱的钢结构加工预调值

3 建筑结构施工预变形控制技术工程应用

通过大量研究工作形成的施工预变形控制技术成功地应用于各类大型建筑中，如：营口体育场悬挑网壳结构、哈尔滨国际会议展览体育中心、廊坊市体育场罩棚结构、大连市体育馆弦支穹顶结构等（见图 3-1～图 3-5）。

本章根据结构类型，从众多工程案例中挑选出典型工程，进行建筑结构预变形控制技术的工程应用分析。

图 3-1 营口体育场效果图

图 3-2 廊坊体育场效果图

图 3-3 哈尔滨国际会展中心

图 3-4 营口体育馆效果图

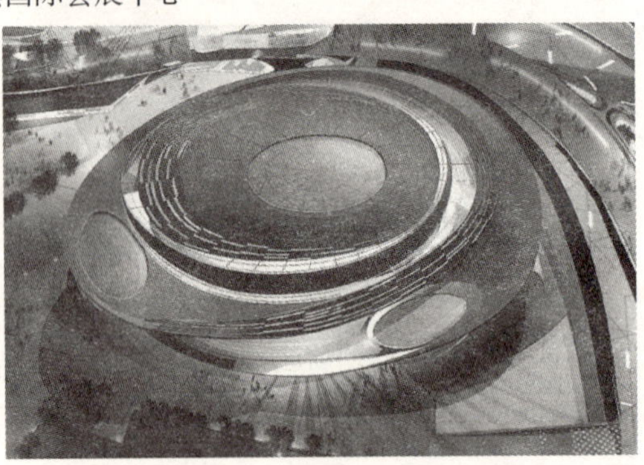

图 3-5 大连体育馆弦支穹顶效果图

3.1　预应力钢结构——大连体育馆主体弦支穹顶结构、黄河口物理模型试验厅张弦网架结构

3.1.1　大连体育馆主体弦支穹顶结构

3.1.1.1　工程概况

大连体育馆主体结构钢屋盖采用巨型网格弦支预应力结构体系，为典型的预应力钢结构（图 3.1.1-1），屋盖结构与水平方向倾斜布置（图 3.1.1-2），跨度为 145.4m×116m，最高点高度为 45.0m，矢跨比 1/10，上部采用巨型桁架结构（图 3.1.1-3*a*），高度约 2.4m，构件截面尺寸见表 3.1.1-1；下部索杆体系为肋环型（图 3.1.1-3*b*），由撑杆、环向索和径向索构成，共设 3 环，其中外环和中环有撑杆、环索、径向索各 24 根，内环有撑杆、环索、径向索各 16 根，撑杆高度 10m，钢索截面尺寸见表 3.1.1-2。

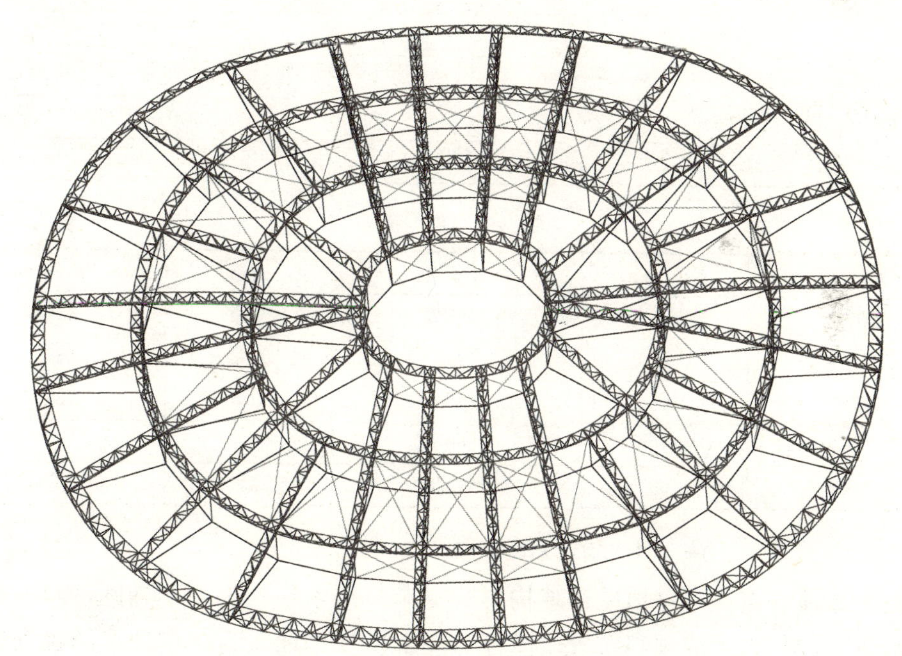

图 3.1.1-1　主体结构屋盖三视图

图 3.1.1-2　主体结构屋盖侧视图

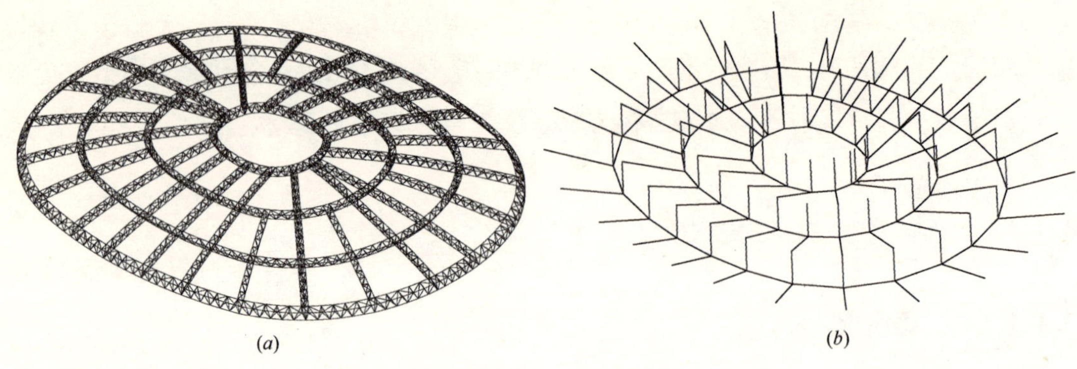

(a)　(b)

图 3.1.1-3　主体结构屋盖分解图

(a) 上部钢桁架；(b) 下部索杆体系

主体结构钢管构件截面　**表 3.1.1-1**

截面编号	直径(mm)	壁厚(mm)	截面编号	直径(mm)	壁厚(mm)
1	89.0	4.0	7	245.0	12.0
2	114.0	4.0	8	299.0	12.0
3	133.0	5.0	9	377.0	14.0
4	159.0	6.0	10	377.0	24.0
5	180.0	8.0	11	500.0	24.0
6	219.0	10.0			

钢　索　截　面　**表 3.1.1-2**

截面类型编号	直径(mm)	单根有效面积(mm^2)	规格	总面积(mm^2)
内圈环索	95	4195.0	单索	4195.0
第二圈环索	95	4195.0	双索	8390.0
外圈环索	105	5349.0	双索	8390.0
内圈、第二圈径向索	80	2809.0	单索	2809.0
外圈径向索	105	5349.0	单索	5349.0

大连体育馆预应力施工主要有以下特点：

(1) 大连体育馆弦支穹顶屋盖结构形式复杂，环索形状为近似椭圆，斜索受力不均匀；环索平面与水平成倾斜布置，撑杆与环索所在平面垂直，增加了结构安装初始定位的难度；外圈和第二圈环索均采用双索，张拉过程中必须保证两根环索受力均匀。

(2) 整个施工过程中结构受力状态复杂，经历了多个不同的施工状态，需要对整个施工过程进行精确的理论分析，通过数值仿真模拟获得各个施工方案及其对应施工状态的控制参数，得到最佳的施工方案及流程；整个施工过程需要高精度施工监测系统进行监测，将监测结果与理论结果相互修正来控制施工精度，确保张拉完成后的工程质量，达到设计要求的预应力状态。

目前常用的预应力施工方法有撑杆顶升法、环索张拉法和斜向索张拉法，三种方法各有优缺点。综合分析这三种方法的优缺点，考虑到斜向索张拉法对张拉装置吨位要求较低，可控张拉点较多，且斜索索力相对环索较小，索力可控性好，成型精度较高，并结合大连体育场预应力施工的特点，选用斜索张拉方案进行预应力施工，具体张拉步骤如下：

各圈索第一级和第二级张拉连续进行，分别将三圈径向索张拉到控制应力的50%和70%。张拉顺序依次为外圈径向索、第二圈径向索、内圈径向索。每级每圈分为两步：第一步张拉部分径向索（按照均匀、间隔、对称的原则选取，外圈和第二圈12根，内圈8根）到控制应力的50%和70%，第二步张拉其余径向索（外圈和第二圈12根，内圈8根）到控制应力的50%和70%。

第三级为拆除支撑后将三圈径向索张拉到控制应力的105%（考虑预应力损失，超张拉5%）。张拉顺序依次为内圈径向索、第二圈径向索、外圈径向索。每圈分为两步：第一步张拉部分径向索（按照均匀、间隔、对称的原则选取，外圈和第二圈各12根，内圈8根）到控制应力的105%；第二步张拉其余径向索到控制应力的105%。

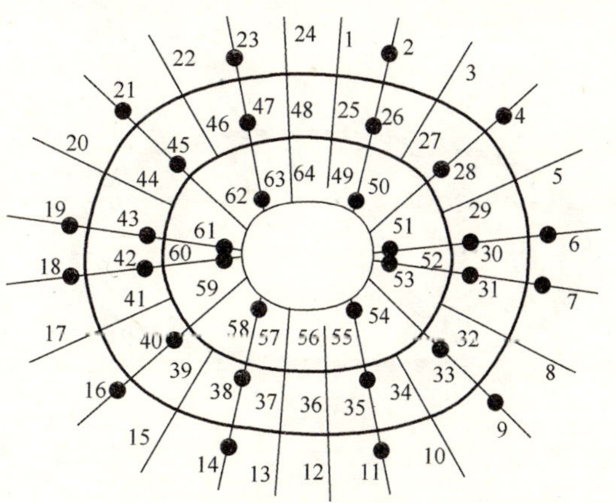

图3.1.1-4 径向索编号及各圈第一部分张拉索位置示意图

注：图中圆点所标记索为各圈第一部分张拉索。

按照均匀、间隔、对称的原则选取每步张拉的径向索（图3.1.1-4）有利于索网在倾斜平面内的成型，改善了预应力施加的均匀性与同步性，适合于环索面为倾斜椭圆面的弦支穹顶结构。

3.1.1.2 仿真模型建立

使用大型通用有限元软件ANSYS对大连体育馆巨型网格弦支穹顶结构的预应力施工分析进行建模，仿真模型主要包括四部分：上部钢桁架、下部预应力索杆、底部支撑结构，临时支撑胎架。如图3.1.1-5和图3.1.1-6所示。

ANSYS 模拟单元 **表 3.1.1-3**

	单元类型	变形计算单元特性	施工计算单元特性	单元其他特性
上部钢桁架	Link8	大变形	单元生死	应力强化
预应力索	Link10	大变形	单元生死	应力刚化
底部支撑梁柱	Beam4	大变形	单元生死	应力强化

根据结构构件的受力特点，上部钢桁架结构采用link8单元进行模拟，承受单轴的拉压，具有应力强化、大变形和单元生、死功能，符合结构受力特点、满足施工仿真要求，拉索采用link10单元进行模拟，link10单元采用双线性刚度矩阵，不包括弯

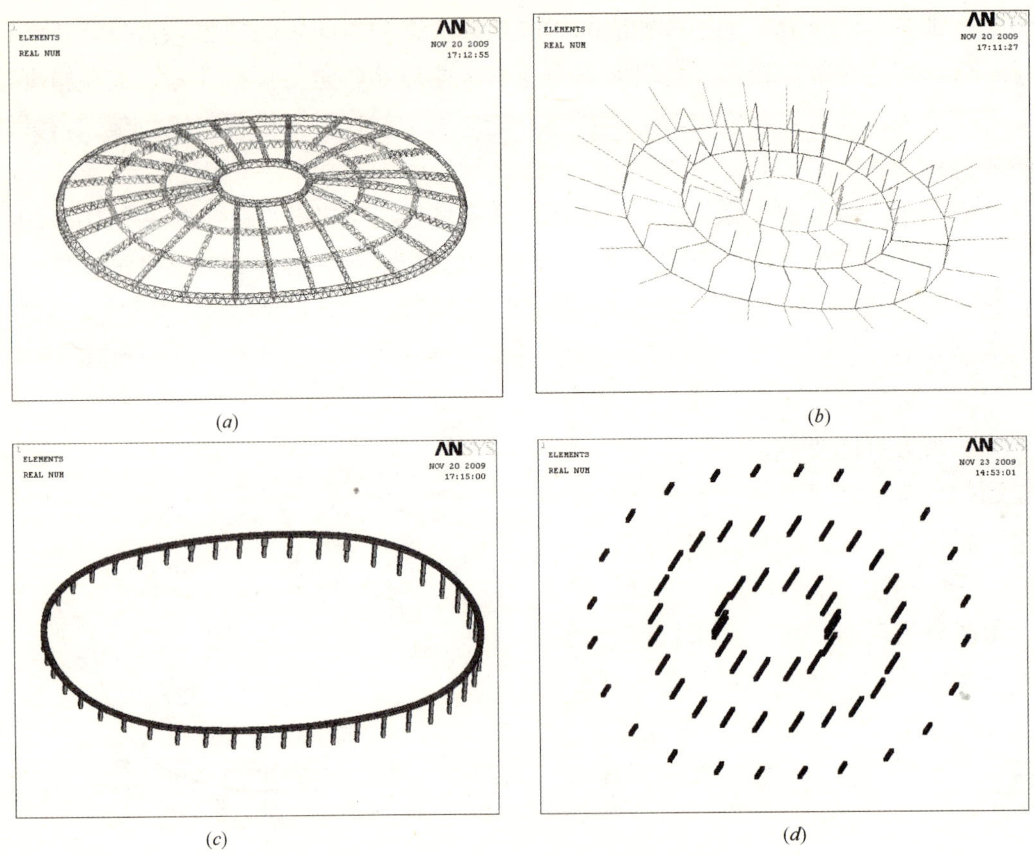

图 3.1.1-5　结构局部分析模型

(*a*) 上部钢桁架；(*b*) 索杆体系；(*c*) 底部支撑结构；(*d*) 临时支撑胎架

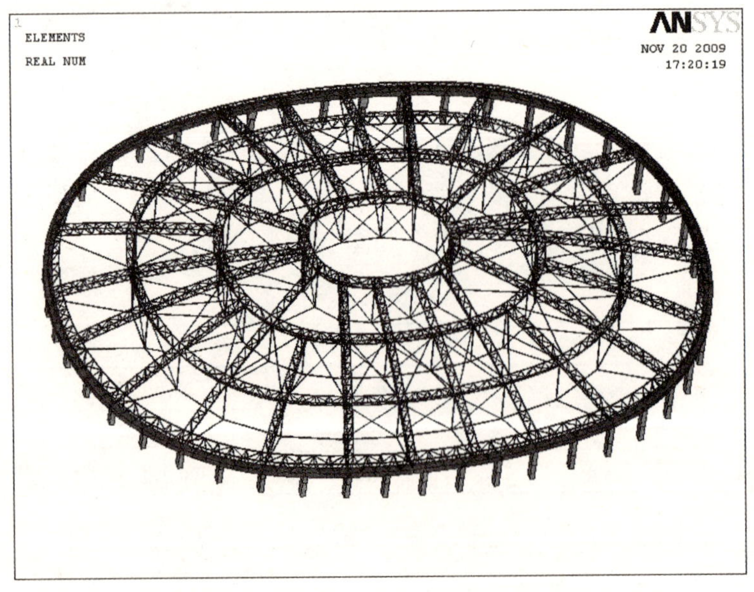

图 3.1.1-6　预应力施工整体分析模型

曲刚度，具有应力刚化、大变形功能和单元生、死功能，可以有效地模拟预应力施工中的拉索构件，底部支撑结构则采用 beam4 单元进行模拟，beam4 是一种可用于承受拉、压、弯、扭的单轴受力单元，具有应力强化，大变形和单元生、死功能，符合实际情况，满足模拟需要，临时支撑胎架也采用 link10 单元，打开只受压不受拉特性来模拟临时支撑胎架的效果。最终模型选用单元及所需单元特性如表 3.1.1-3 所示。

3.1.1.3　结论

利用一般迭代法，运用 ANSYS 有限元软件对结构进行施工预变形分析。共进行 3 次迭代，误差精度 1mm，分析结果如下。

1. 索力

图 3.1.1-7 和图 3.1.1-8 分别为结构施工变形预调前后初始态下的斜索索力图，图 3.1.1-9 和图 3.1.1-10 分别结构施工变形预调前后初始态下的环索索力图。从计算结果中可以看出结构施工变形预调前后拉索内力基本没有变化，施工预变形分析对初始态的影响不大。

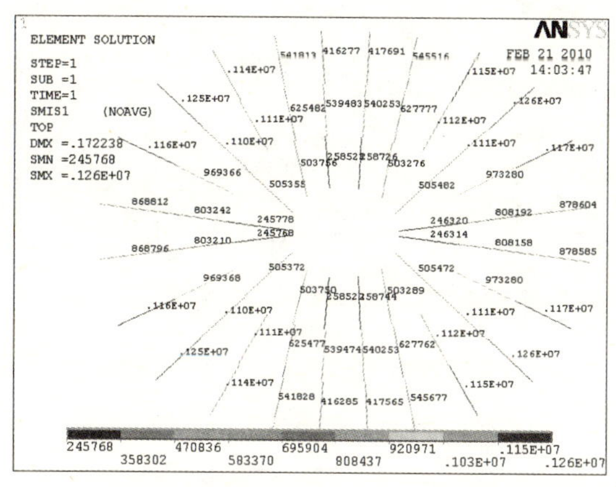

图 3.1.1-7　预调前初始态斜索拉力

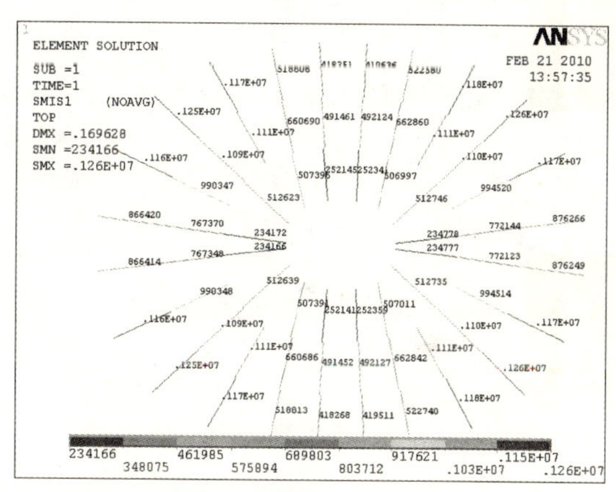

图 3.1.1-8　预调后初始态斜索拉力

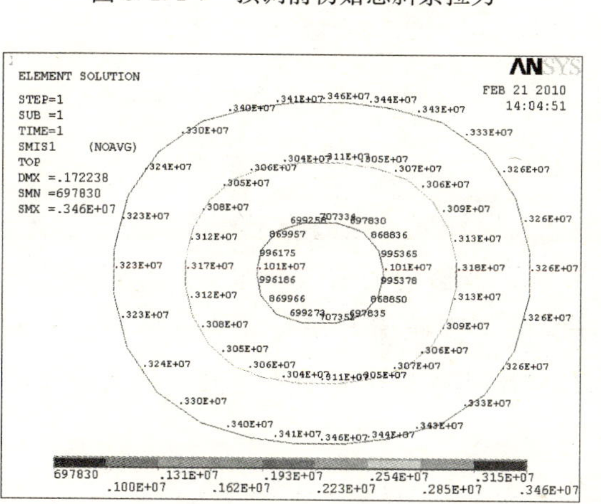

图 3.1.1-9　预调前初始态环索拉力

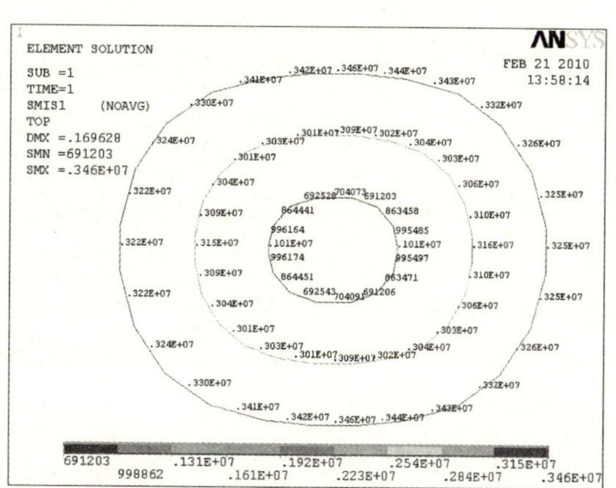

图 3.1.1-10　预调后预应力态环索拉力

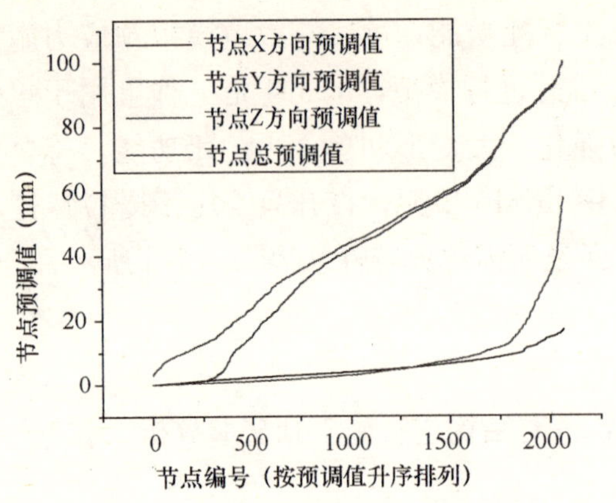

图 3.1.1-11　网壳节点坐标预调值图

2. 节点坐标

大连体育馆弦支穹顶结构的施工预变形分析对结构初始位形的改变分为两部分：上部钢网壳结构和下部撑杆体系。

图3.1.1-11 和图 3.1.1-13 分别为网壳节点和撑杆下节点的施工预调值图，图中预调值按升序排列。从图中可以看出，对于网壳节点，Z 方向预调值大于水平方向预调值，最大总预调值为 99.6mm；对于撑杆下节点，节点水平方向预调值大于 Z 向预调值，最大总预调值为 212mm。这是因为，网壳节点的预调值多为网壳为满足建筑位形而应有的起拱值，Z 方向预调值较大；撑杆下节点的预调值主要是由撑杆偏摆引起的，水平方向预调值相应较大。

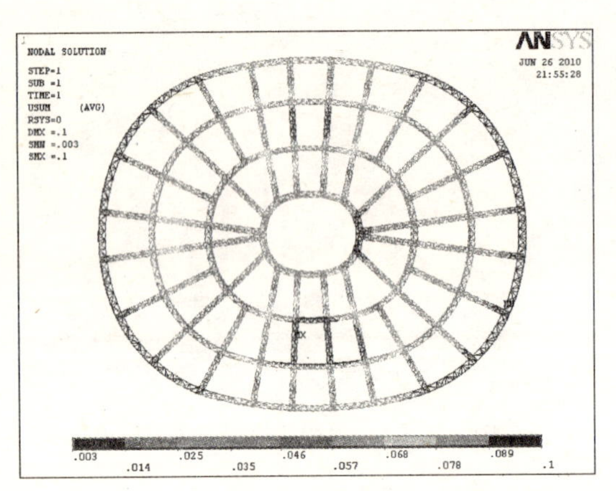

图 3.1.1-12　网壳节点坐标预调值法云图

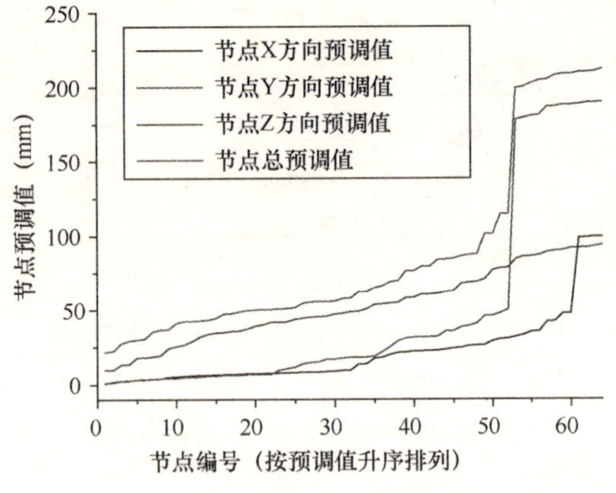

图 3.1.1-13　撑杆下节点坐标预调值图

图 3.1.1-12 和图 3.1.1-14 分别为网壳节点和撑杆下节点的施工预调值分布云图，由图中可以看出，对于网壳节点，坐标施工变形预调值最大节点分布于网壳短向二环桁架和三环桁架之间，对于同一环短向节点的施工预调值大于长向节点的施工预调值；对于撑杆下节点，施工变形预调值的分布规律基本与网壳节点相同，最大值与最小值位置也相同。撑杆单元号及位置示意见图 3.1.1-15。

最终给出各撑杆预调前后的节点位置见表 3.1.1-4～表 3.1.1-6。

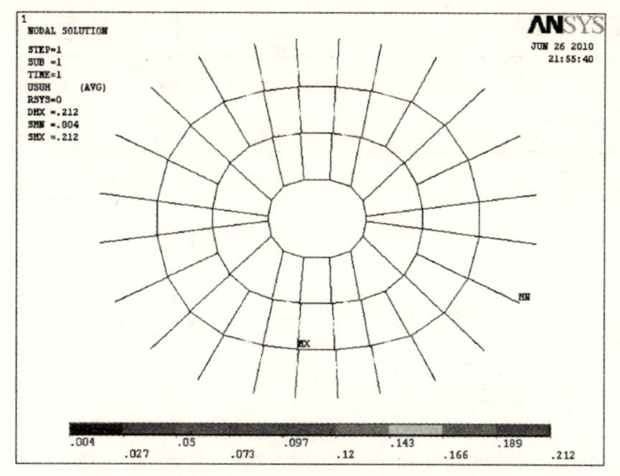

图 3.1.1-14 撑杆下节点坐标预调值法云图

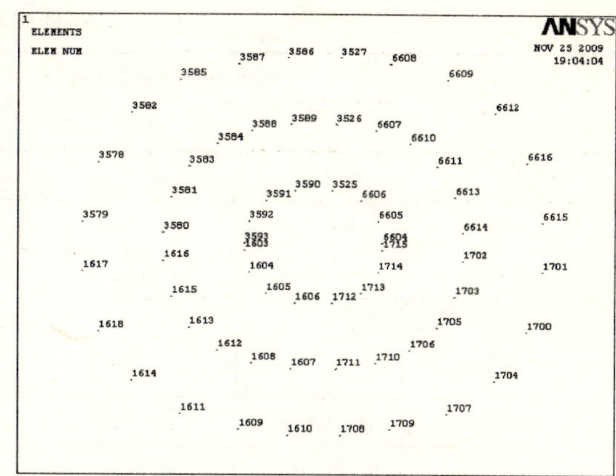

图 3.1.1-15 撑杆单元号及位置示意

外圈环杆找形前后坐标 **表 3.1.1-4**

单元号	找形前撑杆底端坐标(m)			找形后撑杆底端坐标(m)		
	X	Y	Z	X0	Y0	Z0
3585	342.400	194.602	23.647	342.391	194.584	23.646
3587	355.642	198.134	24.225	355.650	198.022	24.226
3586	367.253	199.481	24.696	367.255	199.372	24.697
3527	379.622	199.481	25.207	379.617	199.372	25.207
6608	391.232	198.134	25.694	391.221	198.022	25.694
6609	404.477	194.602	26.208	404.482	194.584	26.208
6612	415.647	187.057	26.659	415.644	187.044	26.659
6616	423.418	175.872	26.973	423.408	175.864	26.972
6615	427.031	162.320	27.120	427.014	162.318	27.119
1701	427.031	151.146	27.120	427.014	151.149	27.119
1700	423.418	137.594	26.972	423.408	137.602	26.972
1704	415.647	126.409	26.658	415.644	126.422	26.658
1707	404.477	118.864	26.206	404.482	118.882	26.207
1709	391.233	115.332	25.692	391.222	115.444	25.692
1708	379.622	113.985	25.205	379.617	114.094	25.206
1610	367.253	113.985	24.695	367.255	114.095	24.696
1609	355.642	115.332	24.224	355.650	115.445	24.225
1611	342.400	118.864	23.645	342.391	118.882	23.645
1614	331.231	126.409	23.175	331.230	126.422	23.175
1618	323.460	137.594	22.848	323.466	137.602	22.848
1617	319.848	151.146	22.697	319.862	151.149	22.698
3579	319.848	162.320	22.698	319.862	162.318	22.698
3578	323.460	175.872	22.849	323.466	175.864	22.849
3582	331.231	187.057	23.176	331.230	187.044	23.176

二环杆找形前后坐标 表 3.1.1-5

单元号	找形前撑杆底端坐标(m)			找形后撑杆底端坐标(m)		
	X	Y	Z	X0	Y0	Z0
3580	338.411	159.892	26.967	338.498	159.889	26.971
3581	340.314	167.969	27.046	340.316	167.979	27.046
3583	344.450	174.919	27.218	344.447	174.924	27.218
3584	350.749	180.150	27.480	350.738	180.157	27.480
3588	358.754	183.065	27.814	358.741	183.059	27.814
3589	368.036	184.433	28.203	368.038	184.286	28.204
3526	378.553	184.433	28.636	378.550	184.286	28.637
6607	387.835	183.065	29.014	387.847	183.058	29.015
6610	395.840	180.150	29.341	395.851	180.156	29.341
6611	402.139	174.919	29.598	402.141	174.925	29.598
6613	406.275	167.969	29.767	406.273	167.980	29.767
6614	408.179	159.892	29.846	408.092	159.889	29.843
1702	408.179	153.574	29.846	408.092	153.577	29.843
1703	406.275	145.497	29.767	406.273	145.487	29.767
1705	402.139	138.547	29.598	402.141	138.542	29.598
1706	395.840	133.316	29.340	395.851	133.310	29.340
1710	387.835	130.401	29.013	387.847	130.408	29.014
1711	378.553	129.033	28.636	378.550	129.180	28.637
1607	368.036	129.033	28.202	368.038	129.180	28.203
1608	358.754	130.401	27.814	358.741	130.407	27.813
1612	350.749	133.316	27.480	350.738	133.309	27.479
1613	344.450	138.547	27.218	344.447	138.542	27.217
1615	340.314	145.497	27.046	340.316	145.487	27.046
1616	338.411	153.574	26.967	338.498	153.577	26.971

内环杆找形前后坐标 表 3.1.1-6

单元号	找形前撑杆底端坐标(m)			找形后撑杆底端坐标(m)		
	X	Y	Z	X0	Y0	Z0
3591	362.136	167.239	29.933	362.101	167.278	29.931
3590	368.884	169.423	30.211	368.876	169.423	30.211
3525	377.543	169.423	30.568	377.552	169.423	30.569
6606	384.291	167.239	30.847	384.327	167.279	30.848
6605	388.331	162.484	31.009	388.357	162.504	31.010
6604	389.400	157.545	31.062	389.370	157.547	31.061
1715	389.400	155.921	31.062	389.370	155.919	31.061
1714	388.331	150.982	31.009	388.357	150.962	31.010

续表

单元号	找形前撑杆底端坐标(m)			找形后撑杆底端坐标(m)		
	X	Y	Z	X0	Y0	Z0
1713	384.291	146.227	30.847	384.327	146.187	30.848
1712	377.543	144.043	30.568	377.552	144.043	30.568
1606	368.884	144.043	30.211	368.876	144.043	30.210
1605	362.136	146.228	29.933	362.101	146.188	29.931
1604	358.096	150.982	29.762	358.070	150.962	29.761
1603	357.026	155.921	29.727	357.057	155.919	29.728
3593	357.026	157.545	29.727	357.057	157.547	29.728
3592	358.096	162.484	29.762	358.070	162.504	29.761

3. 构件长度预调值

大连体育馆弦支穹顶结构施工预变形分析中结构构件长度的预调值分为两部分：上部钢网壳结构和下部索与撑杆体系。

图 3.1.1-16 和图 3.1.1-17 分别为网壳和索撑杆体系的构件长度预调值图，图中构件编号按长度预调值升序排列。从图中可以看出，对于网壳构件，构件的长度预调值较小，大部分构件长度预调值在 1mm 以下，最大构件长度预调值为 3.7mm。对于索与撑杆体系，构件长度预调值较大，最大构件长度预调值为 162.6mm。索与撑杆的长度预调值要远大于网壳构件的长度预调值，这是因为撑杆下节点坐标的预调值大于网壳节点的预调值，且网壳构件长度较小，索与撑杆长度较大。

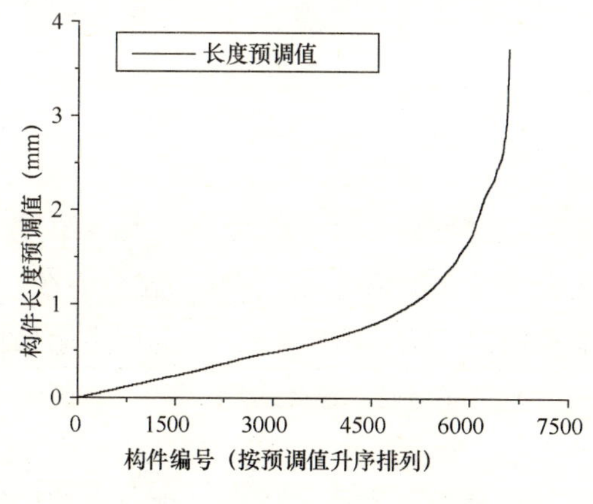

图 3.1.1-16 网壳构件长度预调值图

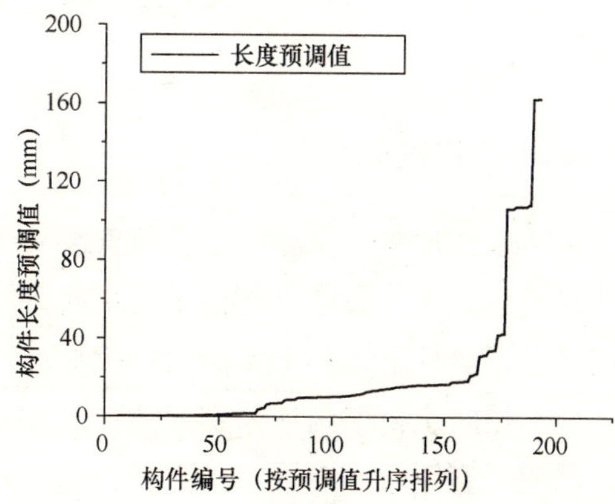

图 3.1.1-17 索与撑杆长度预调值图

所以，由于网壳节点坐标预调主要为 Z 向调整，当对网壳起拱没有严格要求时，考虑到网壳构件长度的预调值非常小，调整繁琐，可以不对上部网壳结构的节点坐标和构件长度进行施工预调。而对于下部索与撑杆，由于节点坐标预调主要为水平方向，如果不进行预调，将造成撑杆出现较大偏摆，影响建筑要求，所以可仅对索与撑杆体系的节点与构件长度进行施工预调，较多文献对弦支穹顶结构进行施工预变形分析时，主要进行撑杆偏摆的找形分析，即可满足工程需要。

3.1.2 黄河口物理模型试验厅张弦网架结构

预应力钢结构不同于普通的钢结构，在拉索正式张拉施工前，需进行详细的力学分析计算，然后对预应力拉索张拉全过程进行现场测控，以保证预应力钢结构施工过程安全可控，并使其结构内力和位形满足设计要求；同时为了掌握预应力钢结构在正常使用过程中的结构内力和位形，保证在设计不可预见荷载作用下的结构受力安全，需对其进行健康监测。

黄河口物理模型试验厅钢屋盖采用张弦网架结构，跨度148m，为世界第一跨，结构新颖，施工难度大。为了确保施工安全，降低风险，保证施工后的结构力和性能满足设计要求，预应力张拉过程中应进行严格监测与控制；同时黄河口物理模型试验厅作为国内外重要的河口试验基地，在以后运营期间不确定因素多。对结构进行永久健康监测，可监测在设计不可预见的荷载作用下结构的受力情况，从而保证工程能长久安全地为社会服务。

黄河口模型试验厅的设计使用年限为50年，与此同时，目前基于各类结构材料和保护材料的使用寿命有限，如何保证黄河口模型试验厅在预期年限内安全服役，也是一个非常重要的课题。因此在使用过程中对重要的结构杆件、钢索进行长期的监测（平时定期监测，重要活动时加强监测）是非常必要的，它可使屋盖结构始终处于有序的掌控之中，使钢屋盖结构始终处于健康状态。

预应力钢结构张拉、监测与控制技术研究成功的应用在黄河口物理模型试验厅张弦网架结构工程上。

3.1.2.1 工程概况

黄河口物理模型试验厅总建筑面积45333m^2，由海域A厅、海域B厅及河道厅三部分组成。其中，海域B厅由9榀径向主桁架及环向次桁架组成，其中1榀安装在1-A轴钢筋混凝土柱上，其余8榀为张弦焊接球节点网架结构，跨度148m，为同类结构世界之最；径向主桁架两端分别安装在万向球铰支座上，张拉钢索采用ϕ7×337挤包双保护层扭绞型钢索。海域B厅张弦网架如图3.1.2-1所示。

施工总体方案：根据工程结构特点和现场实际情况，综合考虑经济性、合理性和可行性原则，对于径向主桁架（焊接球节点网架）采用分段（每个径向主桁架分为四段）地面散拼、高空组对的施工方案；对于拉索预应力，采用分批分级、一端张拉、多点提升法建立所需的预应力。

1. 刚构（焊接球节点网架）施工工艺

图 3.1.2-1 海域 B 厅张弦网架三维轴测图

(1) 制作、布设地面散拼胎架，利用坐标转换法从中间向两端拼装网架段单元（图 3.1.2-2）；

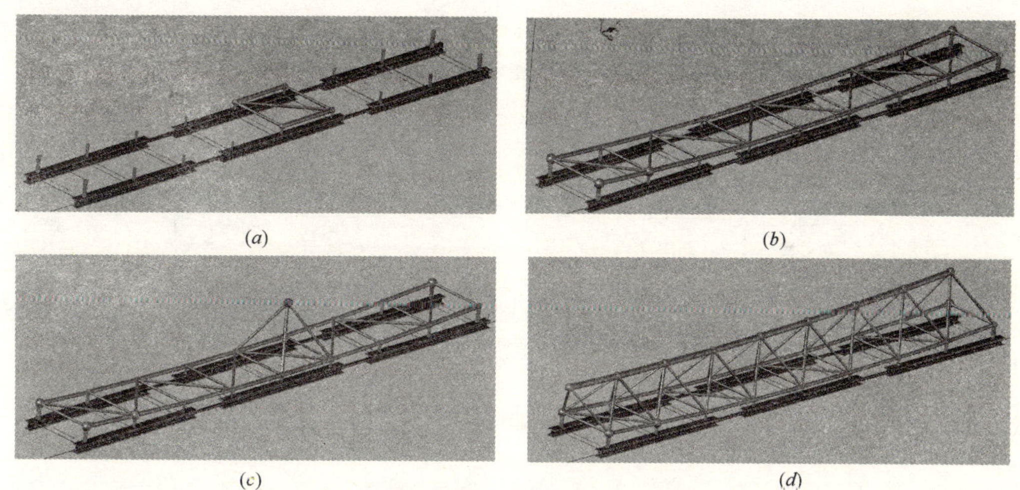

(a) (b) (c) (d)

图 3.1.2-2 海域 B 厅网架段单元制作流程

(2) 整拼承重胎架搭设，分段网架段单元高空吊装、就位、微调与组对（图 3.1.2-3）；

(3) 拉索腹杆安装就位。

2. 拉索施工工艺

(1) 拉索加工制作（图 3.1.2-4）、运输及储存；

(2) 拉索张拉胎架搭设、放索与高空穿越（图 3.1.2-5）；

(3) 预应力拉索安装（图 3.1.2-6）；

(4) 拉索张拉。

1) 张拉顺序和张拉步骤如表 3.1.2-1 所示。

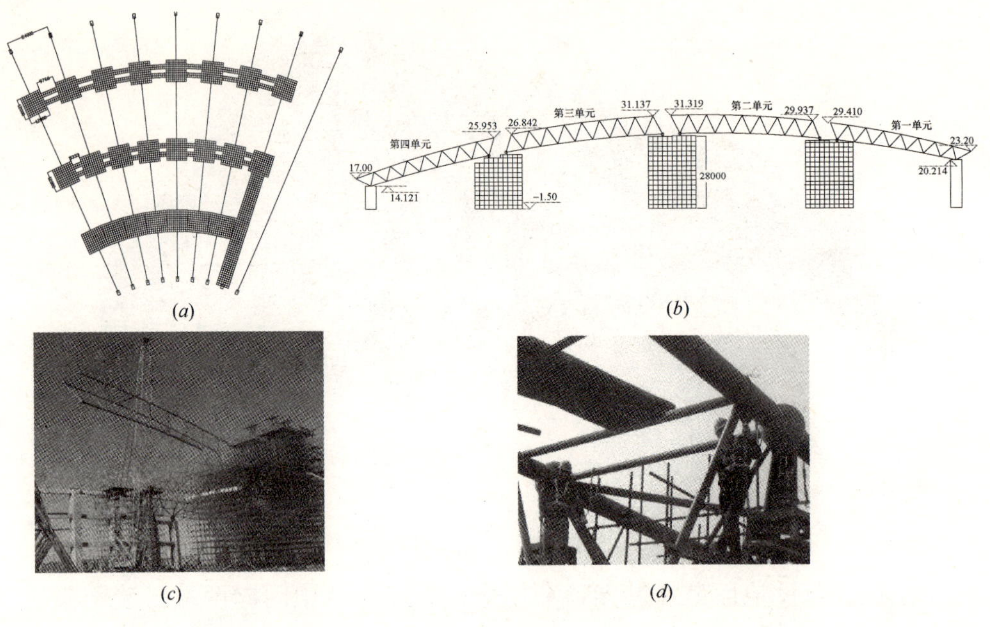

图 3.1.2-3　海域 B 厅网架段单元就位、微调与组对

(a) 承重胎架平面布置示意图；(b) 承重胎架立面示意图；(c) 网架段单元高空吊装；

(d) 网架段单元拼装组对与就位

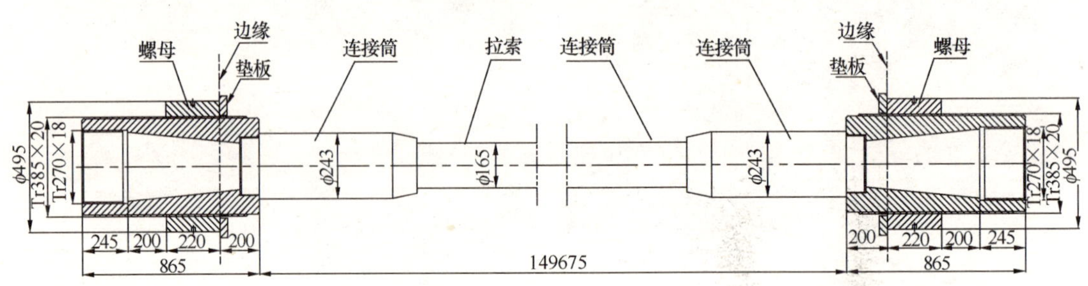

图 3.1.2-4　预应力拉索构造图

张拉顺序和张拉步骤　　　　**表 3.1.2-1**

张拉分级	张拉力与控制力比	张拉步骤							
		第 1 步	第 2 步	第 3 步	第 4 步	第 5 步	第 6 步	第 7 步	第 8 步
第 1 级	30%	1-J	1-H	1-G	1-F	1-E	1-D	1-C	1-B
第 2 级	60%	1-B	1-C	1-D	1-E	1-F	1-G	1-H	1-J
第 3 级	80%	1-J	1-H	1-G	1-F	1-E	1-D	1-C	1-B
第 4 级	100%	1-B	1-C	1-D	1-E	1-F	1-G	1-H	1-J
第 5 级	微调								

2）拉索张拉采用双控，即控制拉索拉力、伸长值和钢结构变形。拉索张拉控制力如表 3.1.2-2 所示。

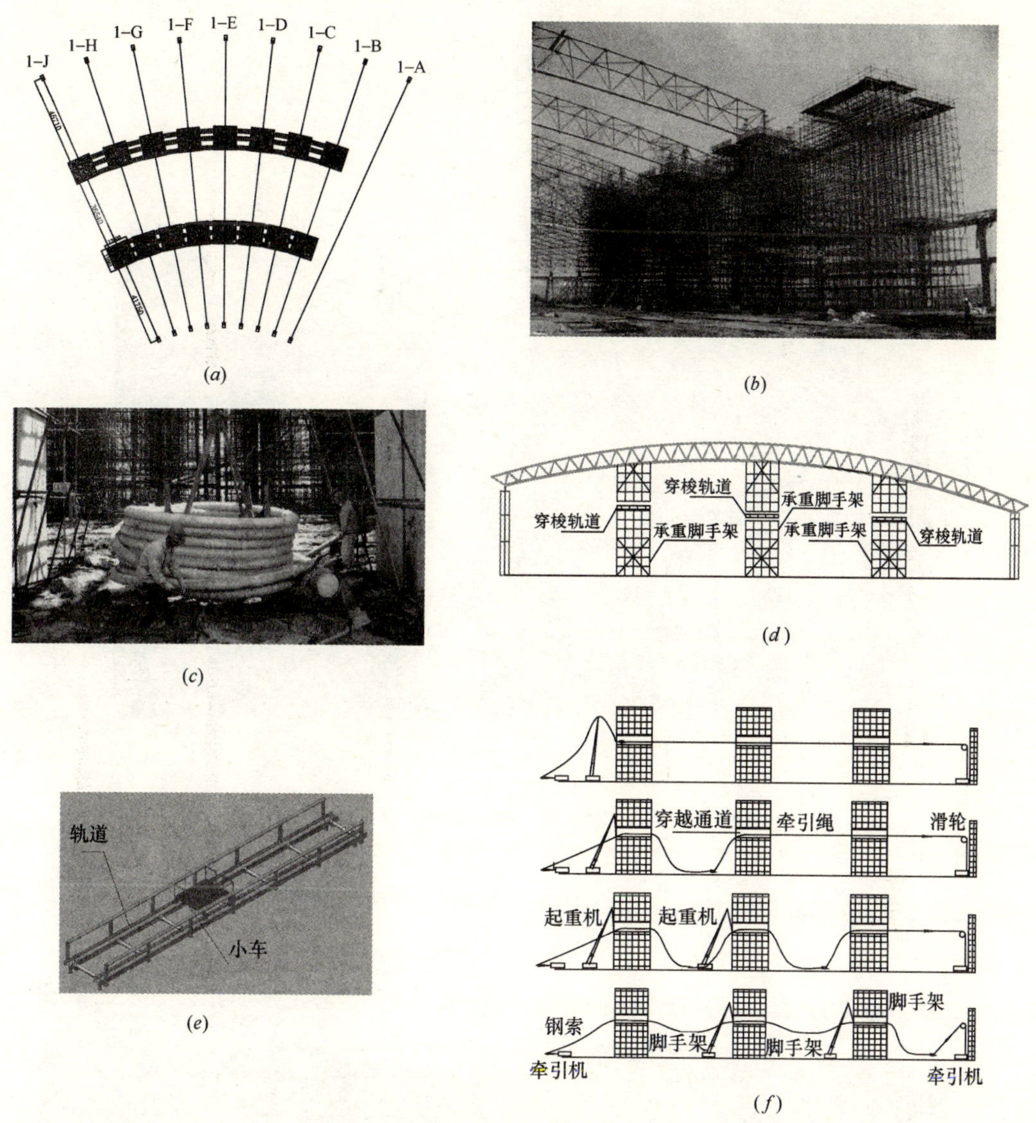

图 3.1.2-5　预应力拉索高空穿越

(*a*) 拉索胎架平面布置图；(*b*) 拉索胎架现场照片 (*c*) 放索盘照片；(*d*) 拉索穿越通道
(*e*) 拉索穿越装置示意图；(*f*) 拉索穿越示意图

张拉控制力　　**表 3.1.2-2**

轴线号	张拉力（kN）	轴线号	张拉力（kN）
1-B	3064	1-F	2794
1-C	2623	1-G	2853
1-D	2791	1-H	2584
1-E	2665	1-J	2115

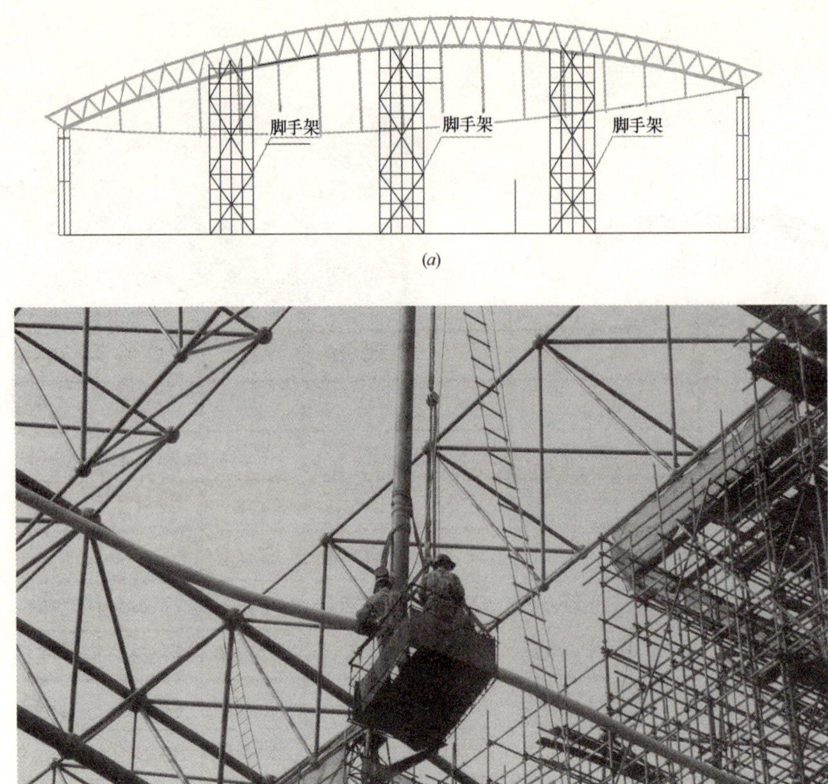

(a)

(b)

图 3.1.2-6 预应力拉索高空安装

(a) 撑杆安装示意图；(b) 撑杆安装现场照片

3）拉索两端张拉（图 3.1.2-7）与同步控制。

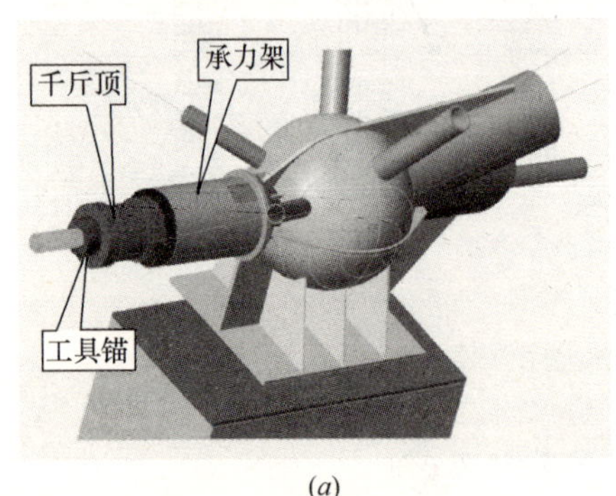

(a)

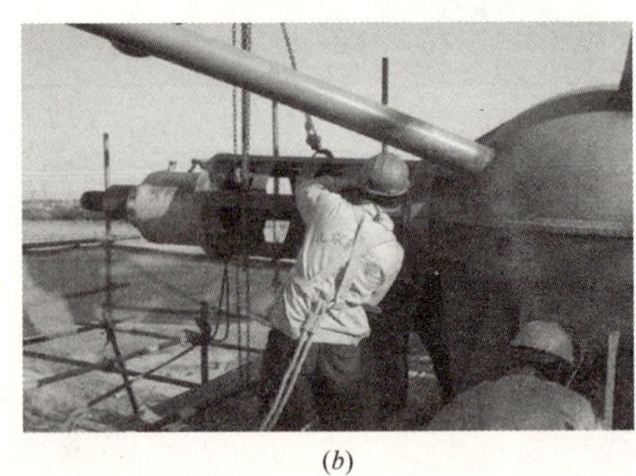

(b)

图 3.1.2-7 预应力拉索张拉

(a) 拉索张拉效果图；(b) 拉索张拉现场照片

3.1.2.2 拉索张拉过程分析

根据上述施工方案，跟踪拉索张拉施工全过程，分析结构构件主要内力和变形变化情况如下：

（1）第1级张拉到控制应力的30％

1）第1步张拉后构件内力和变形见图3.1.2-8：

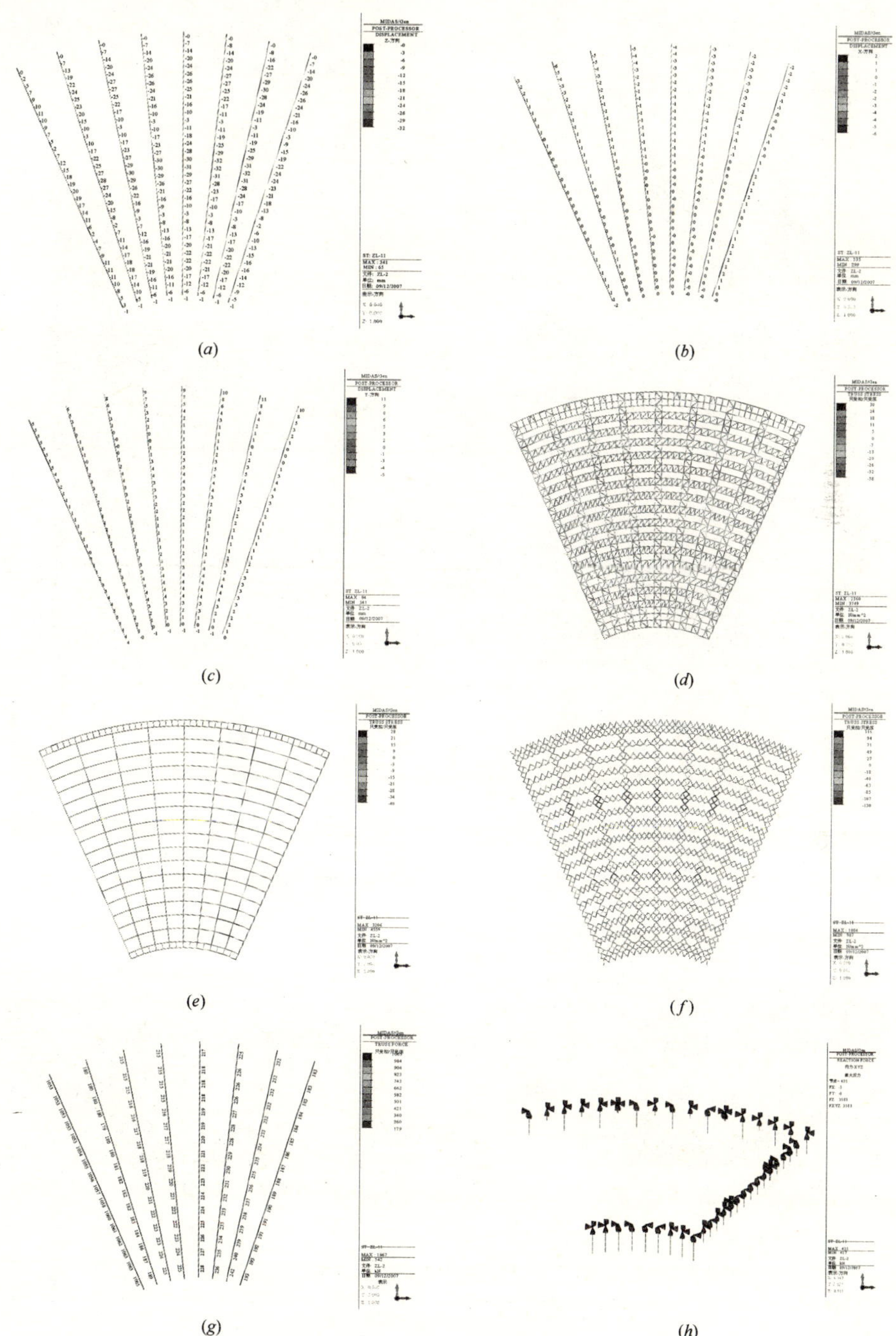

图3.1.2-8 第1步张拉后构件内力和变形

（*a*）网架下弦竖向位移；（*b*）网架下弦 *X* 向位移；（*c*）网架下弦 *Y* 向位移；（*d*）网架上层杆件应力；（*e*）网架下层杆件应力；（*f*）网架腹杆应力；（*g*）拉索应力；（*h*）柱底反力

2）第2步张拉后构件内力和变形见图3.1.2-9：

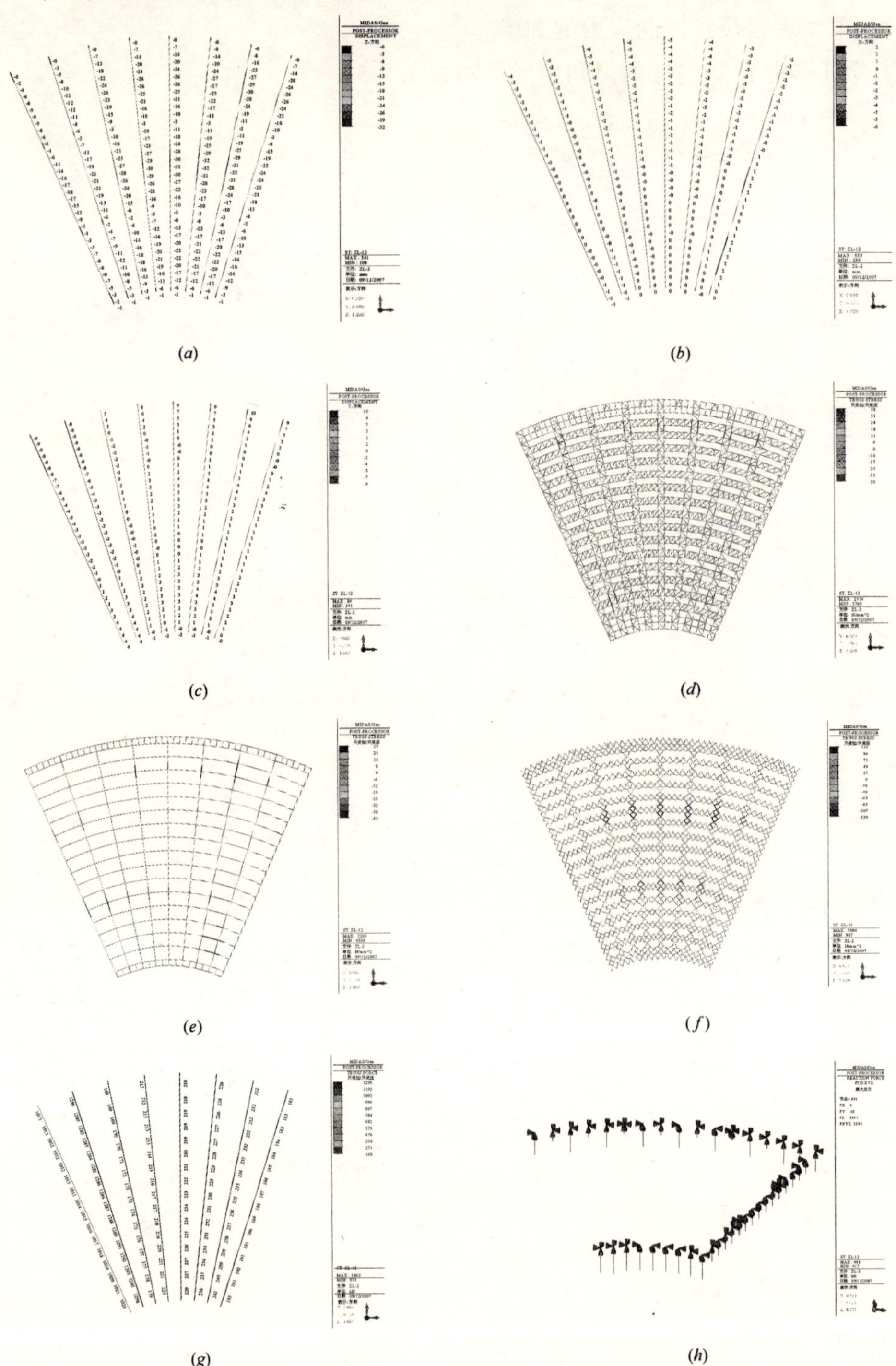

图3.1.2-9　第2步张拉后构件内力和变形

（a）网架下弦竖向位移；（b）网架下弦X向位移；（c）网架下弦Y向位移；（d）网架上层杆件应力；（e）网架下层杆件应力；（f）网架腹杆应力；（g）拉索应力；（h）柱底反力

3）第 3 步张拉后构件内力和变形见图 3.1.2-10：

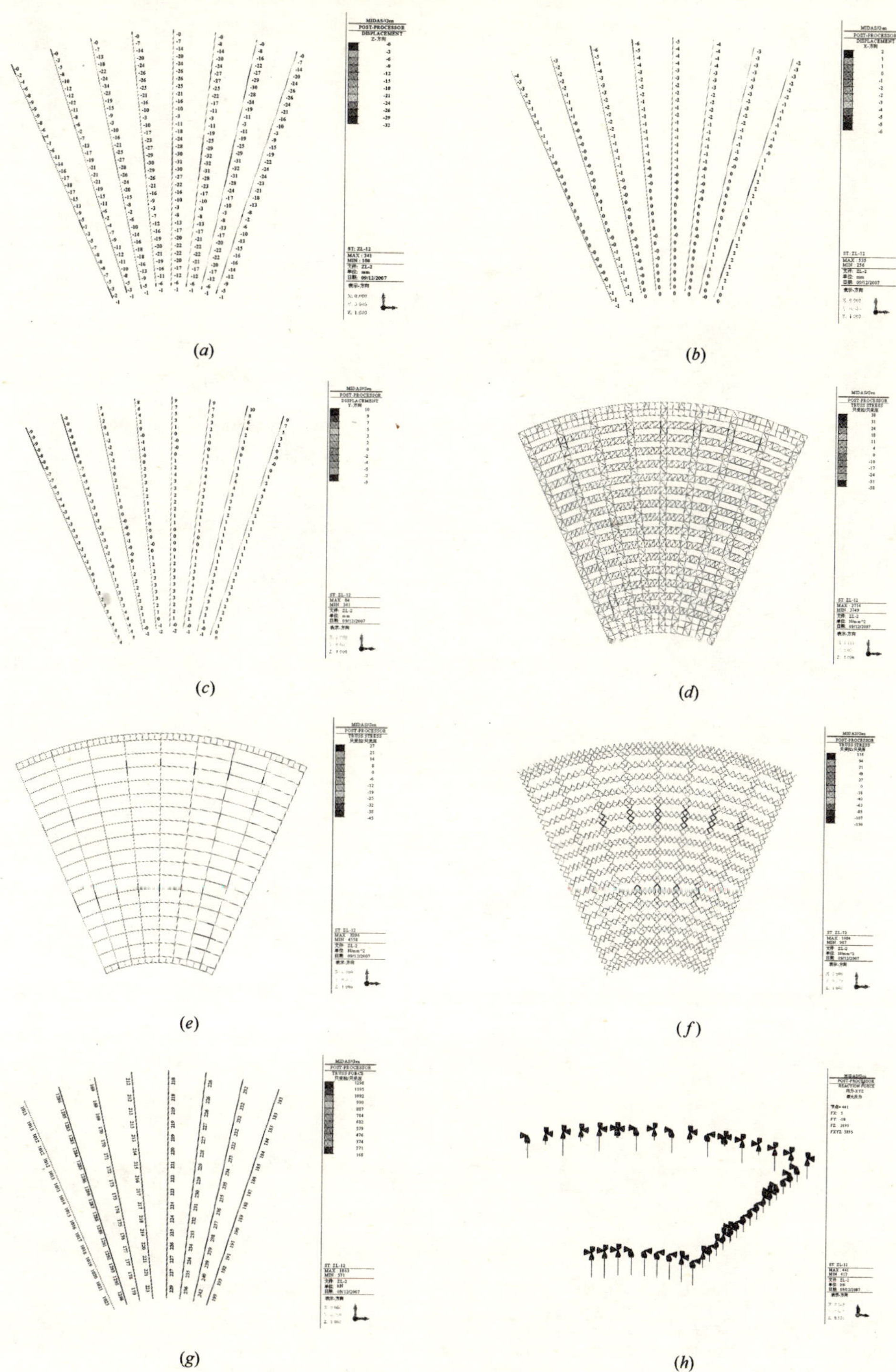

图 3.1.2-10 第 3 步张拉后构件内力和变形

（*a*）网架下弦竖向位移；（*b*）网架下弦 *X* 向位移；（*c*）网架下弦 *Y* 向位移；（*d*）网架上层杆件应力；（*e*）网架下层杆件应力；（*f*）网架腹杆应力；（*g*）拉索应力；（*h*）柱底反力

4）第 4 步张拉后构件内力和变形见图 3.1.2-11：

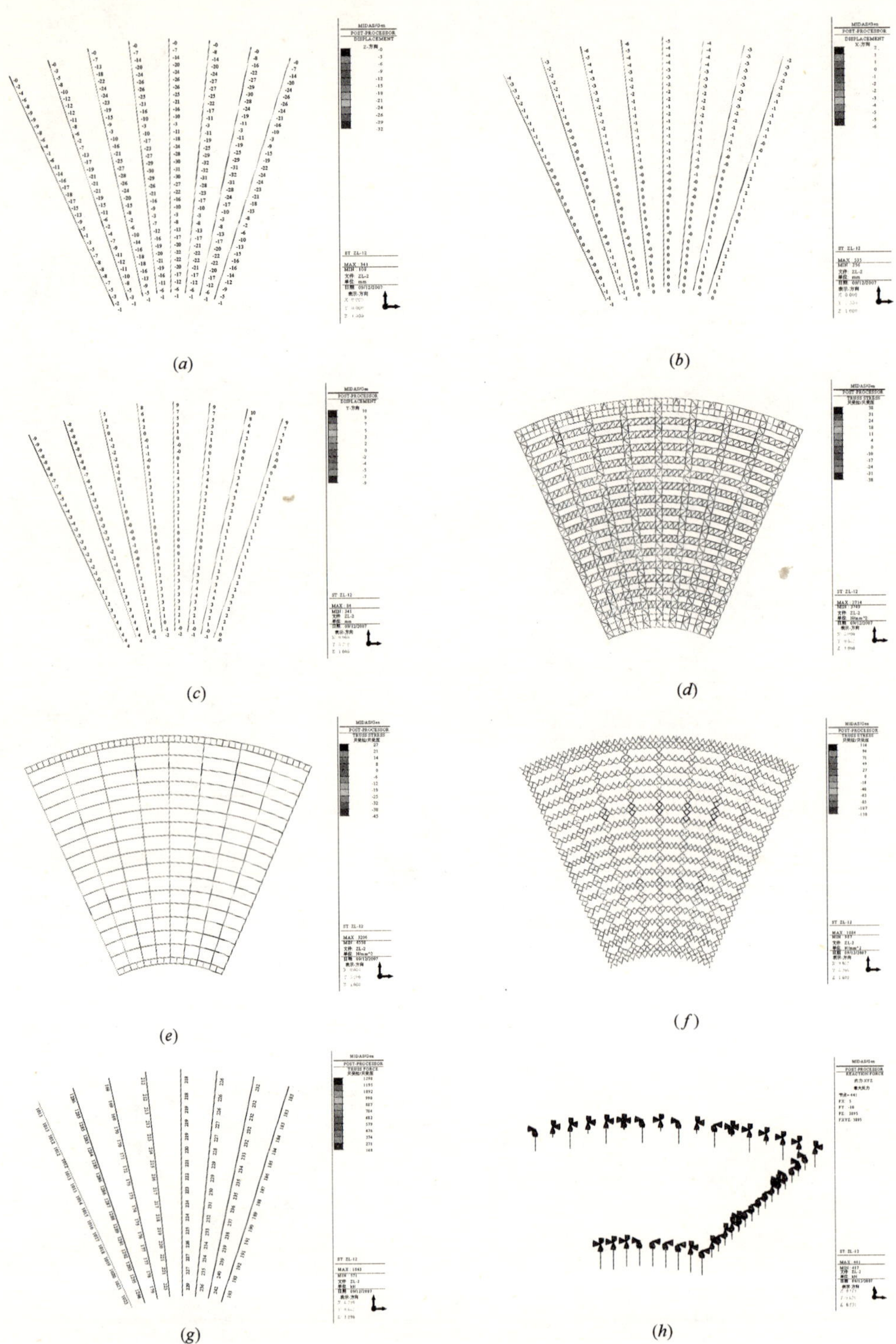

图 3.1.2-11　第 4 步张拉后构件内力和变形

(*a*) 网架下弦竖向位移；(*b*) 网架下弦 *X* 向位移；(*c*) 网架下弦 *Y* 向位移；(*d*) 网架上层杆件应力；(*e*) 网架下层杆件应力；(*f*) 网架腹杆应力；(*g*) 拉索应力；(*h*) 柱底反力

5）第 5 步张拉后构件内力和变形见图 3.1.2-12：

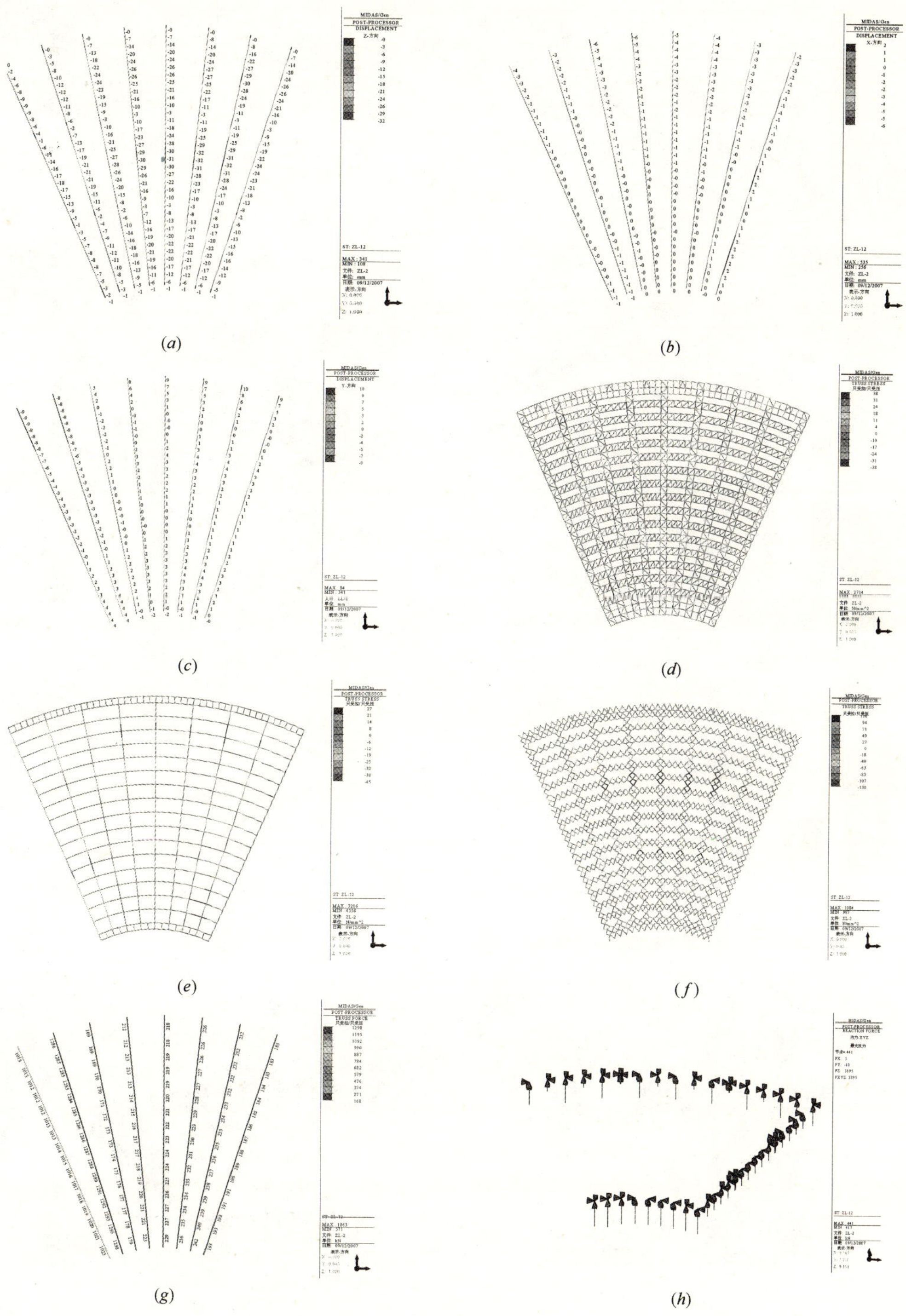

图 3.1.2-12　第 5 步张拉后构件内力和变形

(*a*) 网架下弦竖向位移；(*b*) 网架下弦 *X* 向位移；(*c*) 网架下弦 *Y* 向位移；(*d*) 网架上层杆件应力；(*e*) 网架下层杆件应力；(*f*) 网架腹杆应力；(*g*) 拉索应力；(*h*) 柱底反力

6）第 6 步张拉后构件内力和变形见图 3.1.2-13：

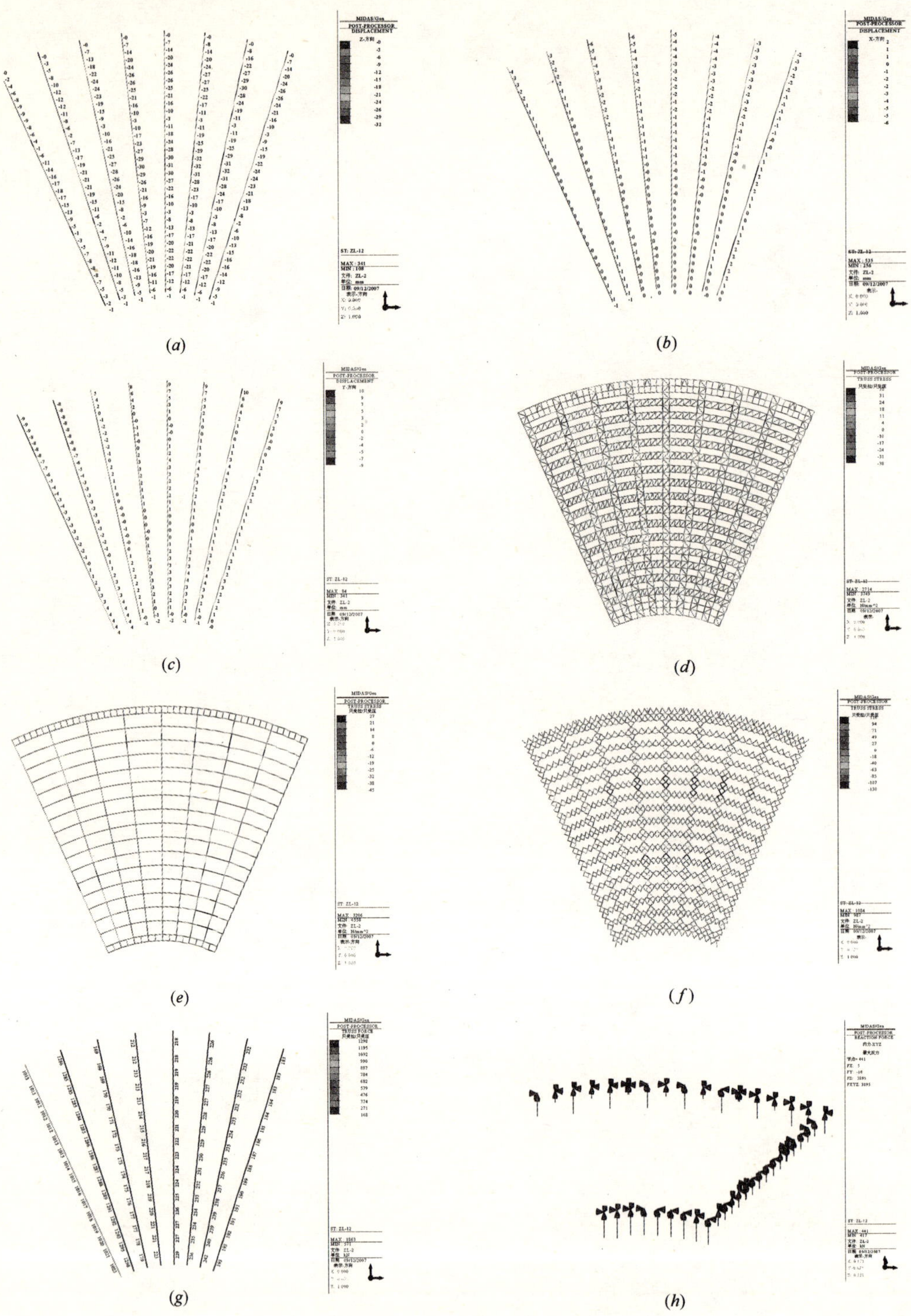

图 3.1.2-13　第 6 步张拉后构件内力和变形

（*a*）网架下弦竖向位移；（*b*）网架下弦 *X* 向位移；（*c*）网架下弦 *Y* 向位移；（*d*）网架上层杆件应力；（*e*）网架下层杆件应力；（*f*）网架腹杆应力；（*g*）拉索应力；（*h*）柱底反力

7）第 7 步张拉后构件内力和变形见图 3.1.2-14：

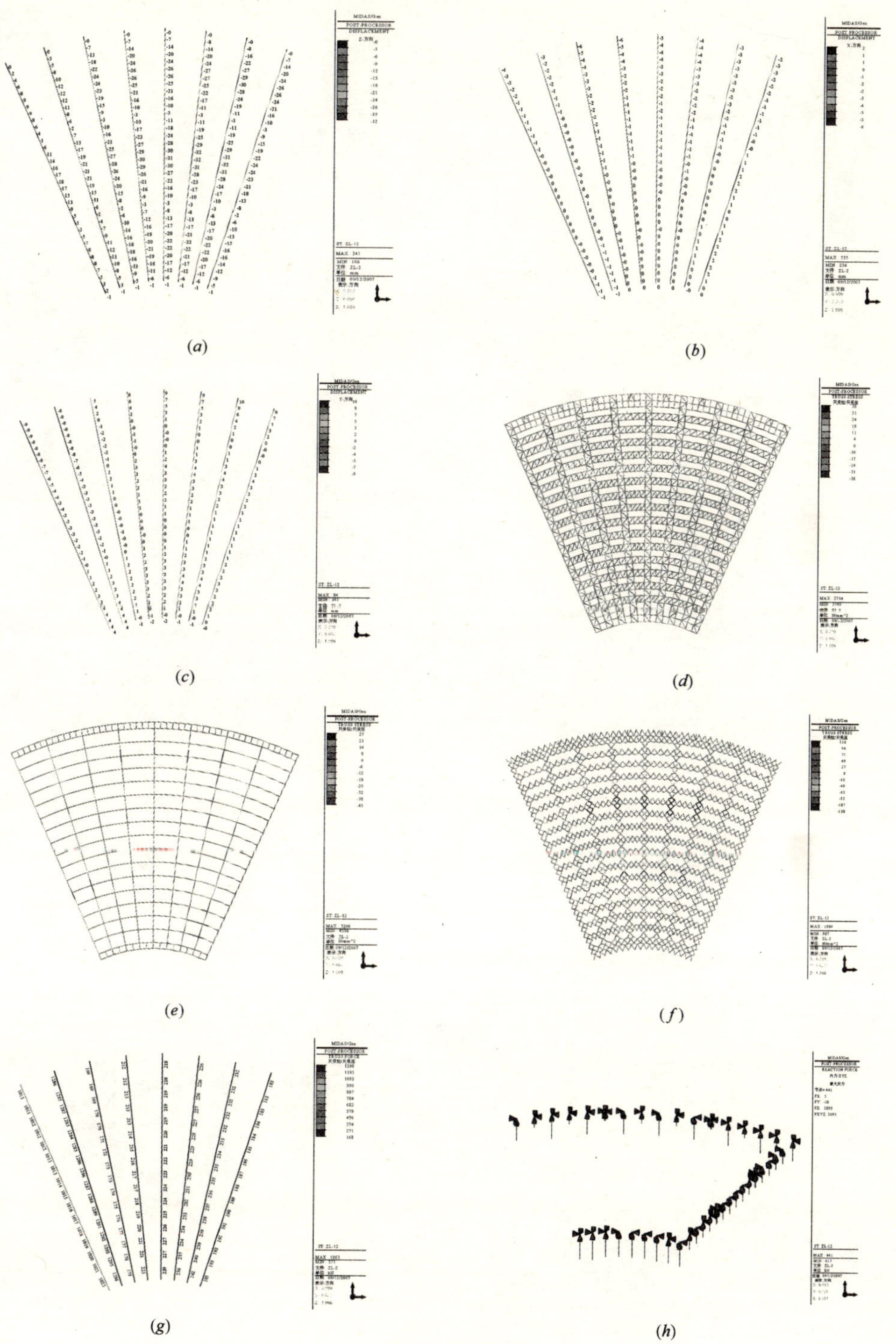

图 3.1.2-14 第 7 步张拉后构件内力和变形

(*a*) 网架下弦竖向位移；(*b*) 网架下弦 *X* 向位移；(*c*) 网架下弦 *Y* 向位移；(*d*) 网架上层杆件应力；(*e*) 网架下层杆件应力；(*f*) 网架腹杆应力；(*g*) 拉索应力；(*h*) 柱底反力

8）第 8 步张拉后构件内力和变形见图 3.1.2-15。

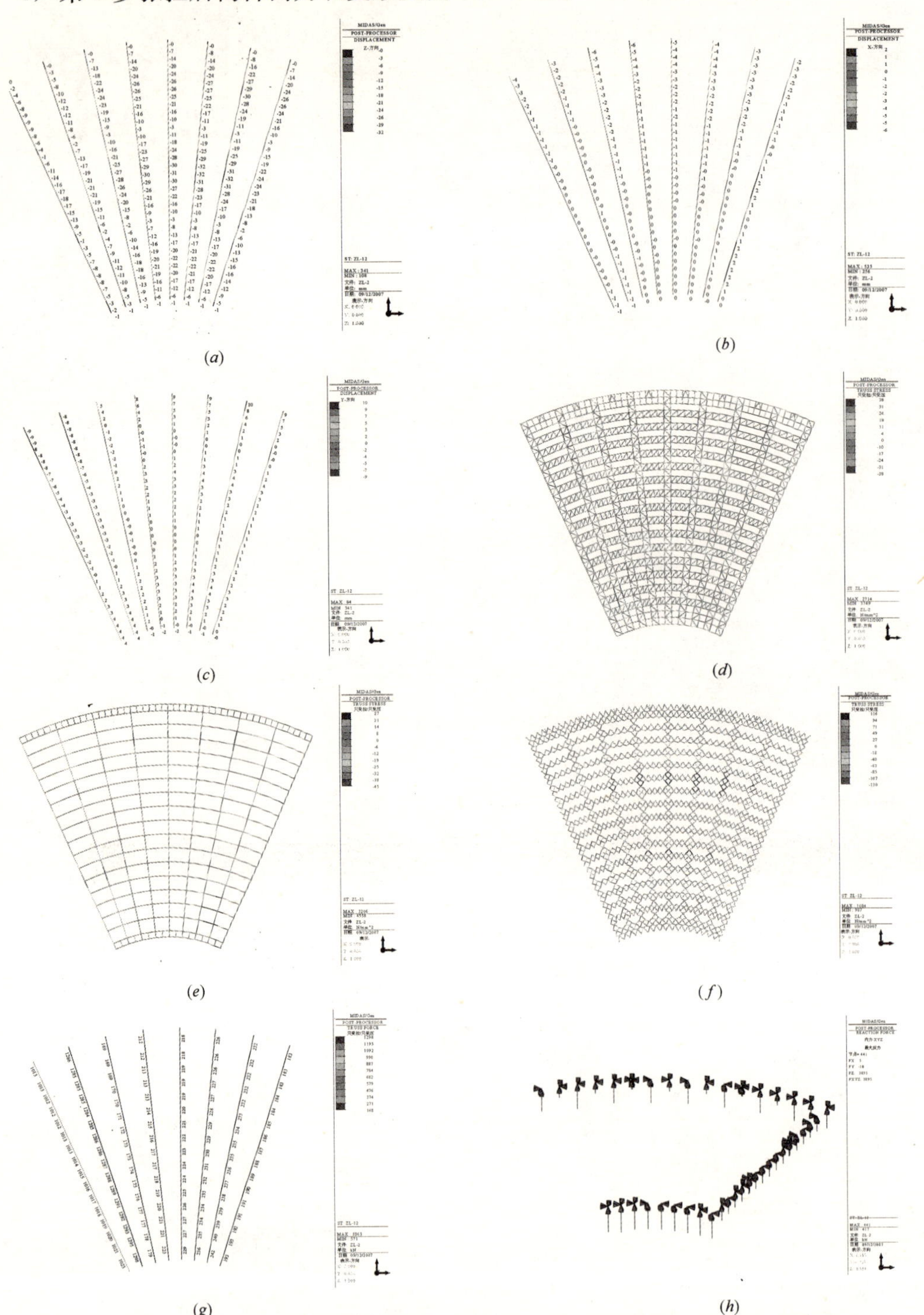

图 3.1.2-15　第 8 步张拉后构件内力和变形

（*a*）网架下弦竖向位移；（*b*）网架下弦 *X* 向位移；（*c*）网架下弦 *Y* 向位移；（*d*）网架上层杆件应力；（*e*）网架下层杆件应力；（*f*）网架腹杆应力；（*g*）拉索应力；（*h*）柱底反力

(2) 第 2 级张拉到控制应力的 60%，结构构件内力和变形图略。

(3) 第 3 级张拉到控制应力的 80%，结构构件内力和变形图略。

(4) 第 4 级张拉到控制应力的 100%，结构构件内力和变形图略。

3.1.2.3 与拉索相关节点深化设计

与拉索相关节点深化设计包括撑杆上端节点、撑杆下端节点、拉索两端节点及拉索加工图共 4 部分。

1. 撑杆上端节点

撑杆采用圆钢管，上端与网架下弦焊接球相连，下端与预应力拉索相连，撑杆承受一定的压力。撑杆上端节点采用销节点：在撑杆上端插入一块 30mm 厚的钢板，在焊接球下面焊接两块 20mm 厚的钢板及 4 块小肋板，上下钢板之间采用销轴进行连接，如图 3.1.2-16 所示。

2. 撑杆下端节点

撑杆下端与预应力拉索相连，节点采用螺栓球节点。根据拉索尺寸选择直径为 350mm 的螺栓球，将螺栓球体加工成两个半球，两个半球之间用 4 个 M20 的高强螺栓进行连接，对高强螺栓施加一定的预紧力将钢索夹紧。撑杆下端节点效果图如图 3.1.2-17 所示。

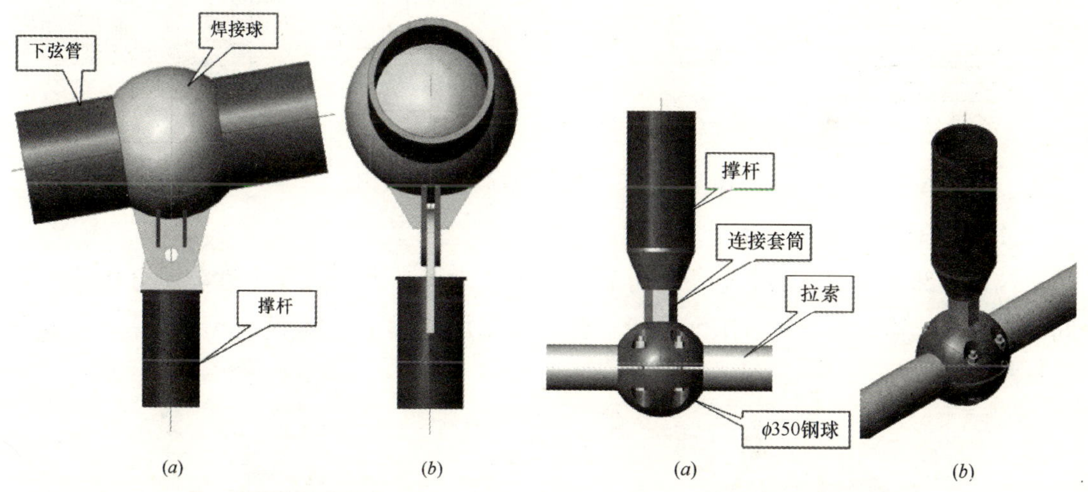

图 3.1.2-16 撑杆上端节点效果图
(a) 立面效果图；(b) 三维效果图

图 3.1.2-17 撑杆下端节点效果图
(a) 立面效果图；(b) 三维效果图

3. 拉索端部支座节点

拉索端部支座节点汇交杆件多、受力大且处于关键受力部位，并有预应力拉索从中穿过，节点构造复杂。拉索端部支座节点效果图如图 3.1.2-18 所示。

4. 钢丝束成品拉索

预应力拉索规格为 $\phi7\times337$，外包双层 PE 保护套，拉索端部锚具采用冷铸锚。索体构造图如图 3.1.2-19 所示。

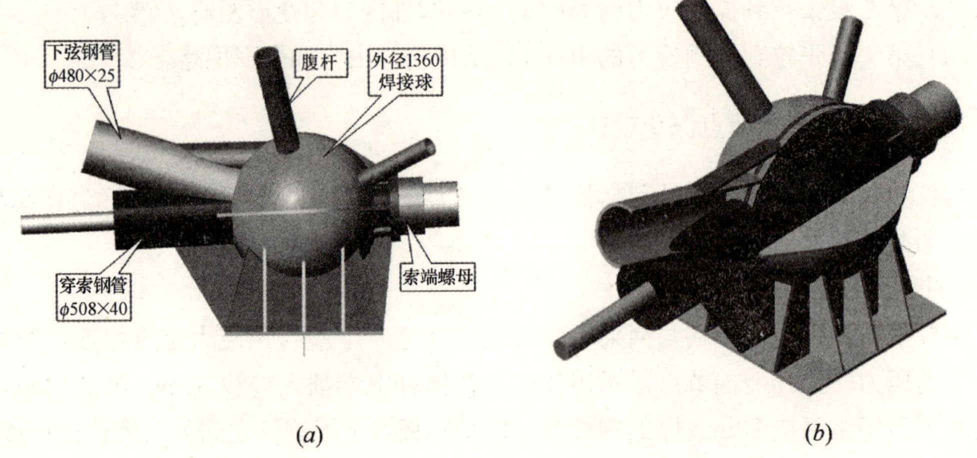

图 3.1.2-18 拉索端部支座节点效果图

(a) 立面效果图；(b) 三维效果图

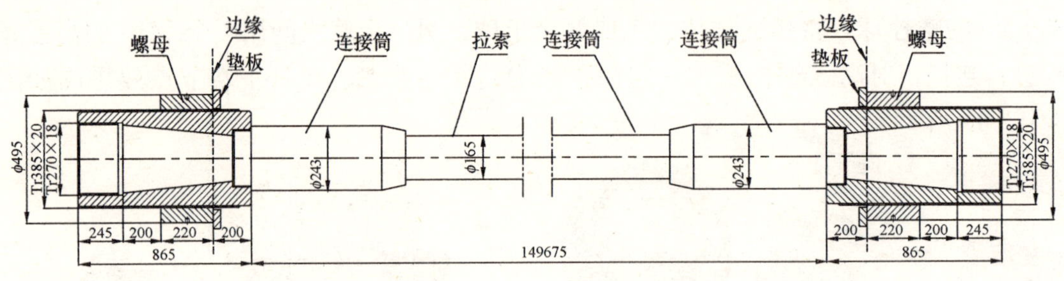

图 3.1.2-19 钢丝束成品拉索构造图

5. 节点有限元模拟分析

拉索端部支座节点的构造与受力非常复杂。为了掌握节点受力性能，分析使用期间的安全性，需对其进行有限元分析，分析时采用国际单位制 N·m，计算结果如图 3.1.2-20 所示。

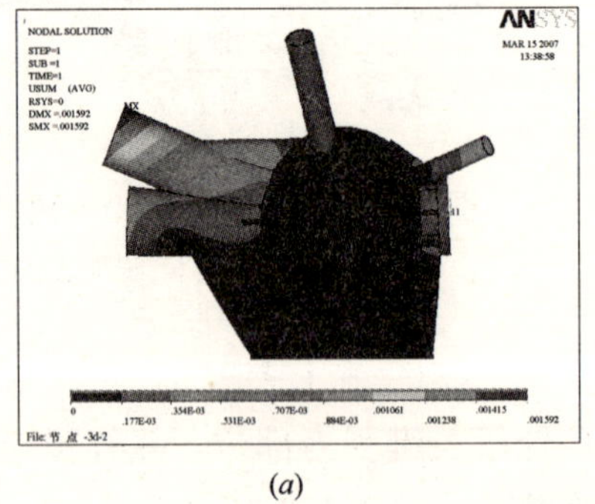

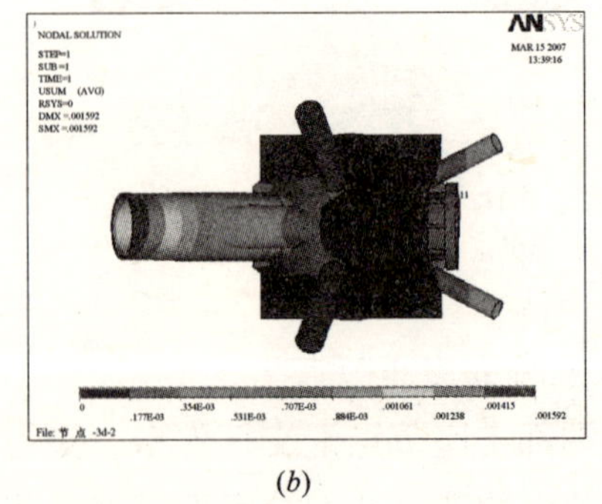

图 3.1.2-20 拉索端部支座节点效果图（一）

(a) 位移云图；(b) 位移云图；

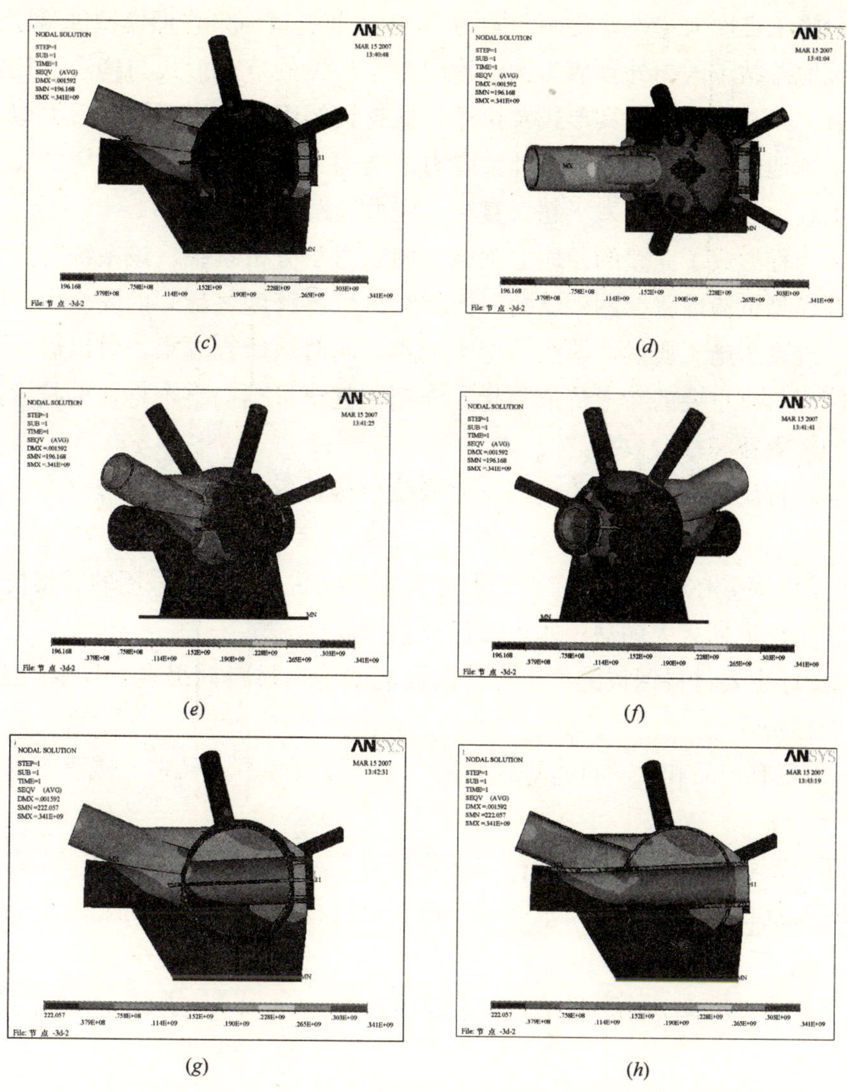

图 3.1.2-20 拉索端部支座节点效果图（二）

(*c*) Von-mises 应力云图；(*d*) Von-mises 应力云图；(*e*) Von-mises 应力云图；
(*f*) Von-mises 应力云图；(*g*) Von-mises 应力云图；(*h*) Von-mises 应力云图

从图 3.1.2-20 可以看出，节点的变形不到 2mm，节点大部分区域的等效应力不超过 100MPa，节点的承载力和变形满足要求。

3.1.2.4 结论

(1) 预应力钢结构不同于普通的钢结构，在拉索正式张拉施工前，需进行详细的力学分析计算，然后对预应力拉索张拉全过程进行现场测控，以保证预应力钢结构施工过程安全可控，并使其结构内力和位形满足设计要求。

(2) 黄河口物理模型试验厅钢屋盖采用张弦网架结构，跨度 148m 为世界第一跨，结构新颖，施工难度大，设计使用年限为50年。通过黄河口物理模型试验厅工程，技术人员系统地总结了国内外预应力钢结构中与索相关的节点形式与构造、拉索锚固节点耳板构造、叉耳式拉索锚具形式及拉索索段连接锚固形式，可供今后类似工程参考与借鉴；系统地研究、总结了国内外预应力钢结构工程实践中经常采用的拉索张拉设备和张拉工装，创新性地开发了超大直径预应力拉索张拉工艺。

（3）本工程形成了完整的预应力钢结构施工力学分析系统，该系统有力地支撑了黄河口物理模型试验厅张弦网架结构（同类结构世界跨度之最）的安全生产，降低了施工风险，提高了施工质量，节约了施工成本；同时该研究成果，对以后大跨度预应力钢结构施工具有重要的参考价值与指导作用，甚至可推动整个行业的技术进步，具有重大的经济效益和社会效益。

（4）本工程研发的新型大跨度预应力张弦结构拉索支座焊接球节点，它具有以下优点：

1）组成焊接空心球的钢料在市场上容易买到成品，组装所采用的焊接技术也很成熟，因此，生产周期大大缩短，并可以保证质量；

2）焊接球主要材料钢板的价格比相同性能的铸钢材料低很多，且生产工艺简单，具有良好的经济性；

3）采用现有产品和材料进行焊接组装，不需要开模具和铸造，减少了材料和能源消耗。

相比于传统铸钢支座节点，此种新型焊接球节点支座可节省费用204万元，并减少采购和加工周期，节约了施工成本，降低了材料和能源消耗，具有重大的经济效益。

3.2 双向倾斜超大悬臂结构——CCTV主楼钢结构

3.2.1 工程概况

图3.2.1-1 主楼悬臂施工工况

CCTV主楼顶部的悬臂结构从两座塔楼162.2m标高处（F37层）分别延伸67.165m和75.165m，在空中折形对接，以大、重、复杂节点、高强厚板钢构件构成。主楼结构形式如图3.2.1-1所示。悬臂结构共有14层，宽39.1m，最远端高56m，钢结构总重达1.8多万吨，包括混凝土楼板、幕墙、装饰等荷载，整个悬臂约为5.1万吨。

悬臂底部由15榀重型转换桁架跨越F37～F39层，支承于外框结构，主要承担内框结构荷载。转换桁架高 8.5m，长 38.592m，单榀重量达 245t，主杆件均为箱形截面，靠近塔楼 1 和塔楼 2 分别为 2 榀、3 榀桁架，悬臂端部纵横各 5 榀桁架正交。结构分布见图 3.2.1-2 所示。

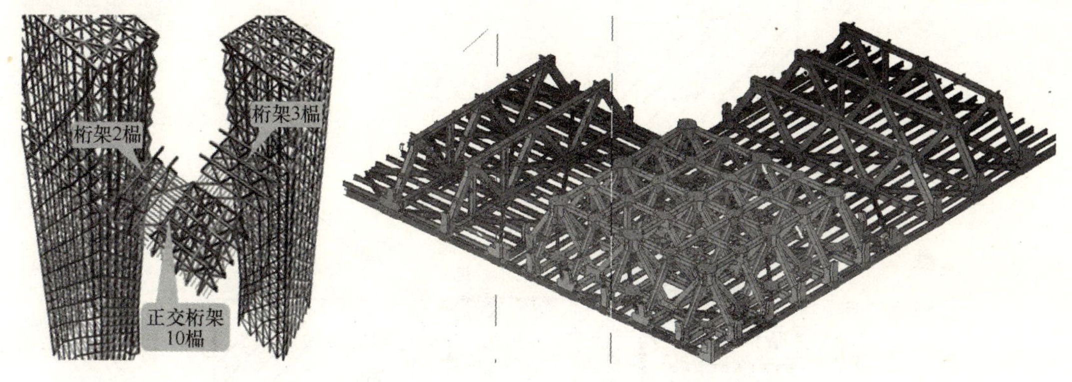

图 3.2.1-2 悬臂底部桁架分布图

3.2.2 施工方法

根据悬臂结构的体型特征和单个构件的重量，为了使构件应力和位移控制满足设计要求，保证结构安全，两段悬臂需以最小自重在短时间内迅速完成合龙。经与整体提升安装、原位胎架组装等安装方法比较，选择“两塔悬臂分离安装、逐步阶梯延伸、空中阶段合龙”的安装方法。

即在平面上以跨为单元，在立面上分成三个阶段，以悬臂外框和底部“基础性”构件为依托，利用大型动臂塔吊进行高空散件安装，分别从两座塔楼逐跨延伸、阶段安装成型；分三次合龙完成悬臂最关键的部位-转换层结构，从而为悬臂上部结构安装创造良好的施工平台。

在延伸安装中，通过设置具有临时稳固和定位校正双重作用的刚性支撑和高强钢拉杆等特殊安装措施，采用先进的测量仪器进行实时跟踪监测，以实现构件的空中悬挑安装。

受自重影响，悬臂会出现下挠，为保证在承受恒荷载及活荷载下悬臂底部处于水平状态，施工时需要进行反变形预调处理，根据内业计算分析的预调值结果，采取工厂制作预调和现场安装预调相结合，在安装中将理论变形值与实际变化对照，及时修正预调值，使结构的变形处于可控状态。

1. 安装分区分跨

以悬臂底部转换桁架构成的稳定结构为单元，将悬臂从根部到远端相交处分成Ⅰ、Ⅱ、Ⅲ共三个施工区，每区依次划分成三、四、五个单元跨。具体划分如图 3.2.2-1 所示。

2. 安装流程

悬臂安装采取分离安装，阶段合龙的方法，其安装流程如图 3.2.2-2 所示。

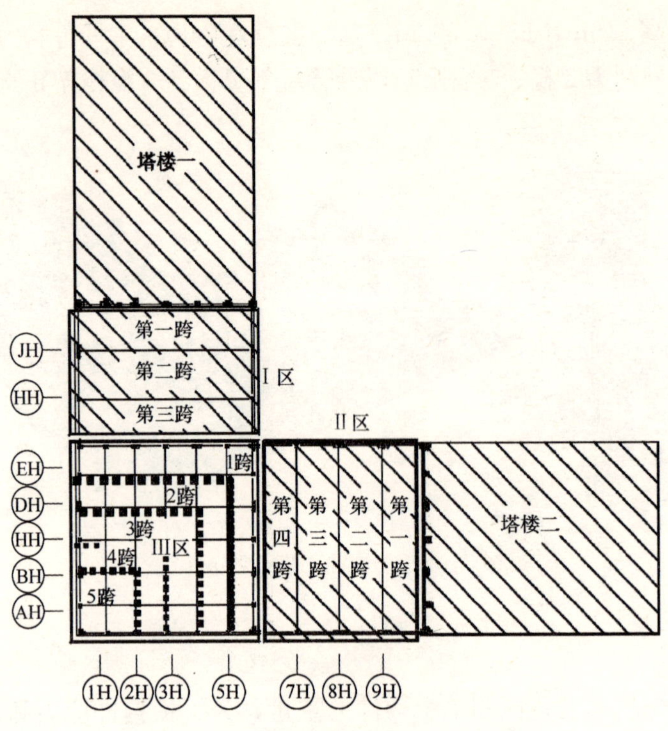

图 3.2.2-1 悬臂安装分区分跨示意图

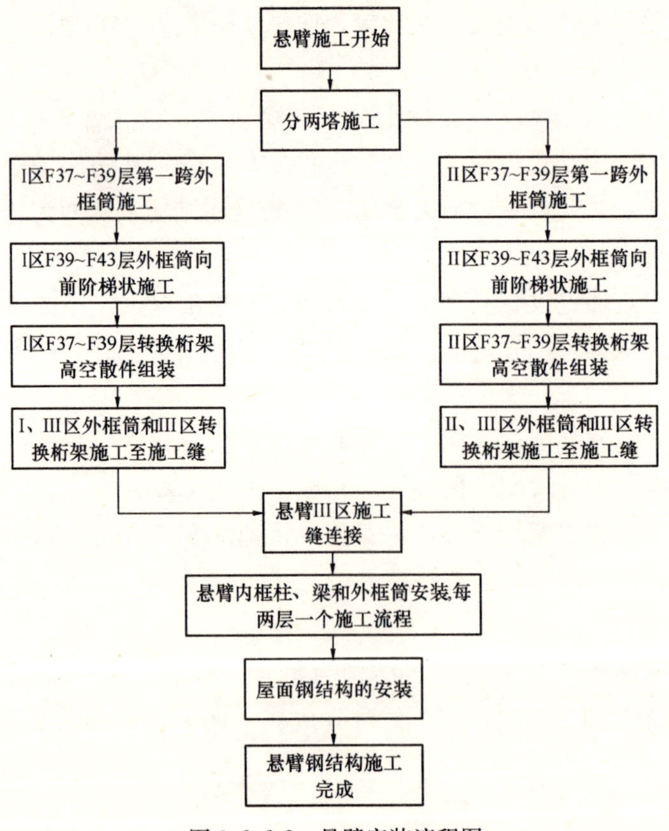

图 3.2.2-2 悬臂安装流程图

3. 悬臂钢结构施工顺序

按照悬臂外框钢柱、水平边梁以及斜撑构成的稳定结构体系，将悬臂分成三个阶段进行安装。具体安装步骤如下：

第一施工阶段：

(1) Ⅰ、Ⅱ区第一跨

01) 先安装外框 F37～F41 层构件，并焊接完成。

02) 安装大型操作平台（跨越两个外框边梁）。

03) 安装 F37 层的桁架下弦跨中节点处的两根主梁和临时支撑。

04) 安装 F37 层桁架下弦及所有梁和斜撑。

05) 安装 F39 层桁架上弦、腹杆和平面主梁以及靠外框的 F39～F41 层钢柱与钢梁。

06) 安装 F41～F43 层外框构件。

07) 安装 F41～F43 层靠外框的钢柱、钢梁。

08) 安装 F43～F45 层外框构件。

(2) Ⅰ、Ⅱ区第二跨

09) 安装 F37～F41 层外框构件，并焊接完毕。

10) 安装 F37 层的桁架下弦跨中节点处的两根主梁和临时支撑。

11) 安装 F37 层桁架下弦及所有梁和斜撑。

12) 安装 F39 层桁架上弦、腹杆和平面主梁以及靠外框的 F39～F41 层钢柱与钢梁。

13) 安装 F41～F43 层外框构件。

14) 安装 F41～F43 层靠外框的钢柱、钢梁。

15) 安装 F37～F41 层外框构件，并焊接完毕。

16) 安装 F37 层的桁架下弦跨中节点处的两根主梁和临时支撑。

17) 安装 F37 层桁架下弦及所有梁和斜撑。

18) 安装 F39 层桁架上弦、腹杆和平面主梁以及靠外框的 F39～F41 层钢柱与钢梁。

19) 安装 F39～F41 层外框构件。

(3) Ⅰ、Ⅱ区第三跨（插入拆除Ⅰ、Ⅱ区第一跨临时支撑和拉杆并安装该跨 F37 层钢板）

20) 安装 F37～F41 层外框构件，并焊接完毕。

21) 安装 F37 层桁架下弦跨中节点处的两根主梁和临时支撑及除施工缝范围以外的次梁和斜撑。

22) 安装 F37 层桁架下弦及所有梁和斜撑。

23) 安装 F39 层桁架上弦、腹杆和平面主梁以及靠外框的 F39～F41 层钢柱与钢梁。

24）安装 F39～F41 层外框构件。

25）施工缝范围内的主、次梁、斜撑不安装。

（4）Ⅱ区第四跨（插入拆除Ⅰ、Ⅱ区第二跨临时支撑和拉杆并安装该跨 F37 层钢板）

26）安装 F37 层～F39 层外框构件

27）安装桁架上、下弦与腹杆以及 F37、F39 水平主钢梁、斜撑；安装与外框相连的主梁。

（5）Ⅲ区Ⅲ-1 跨（插入拆除Ⅰ、Ⅱ区第三跨临时支撑和拉杆并安装该跨 F37 层钢板）

28）安装 F37 层～F39 层外框构件

29）安装桁架下弦以及水平主钢梁、斜撑。

（6）Ⅲ区Ⅲ-2 跨

（7）进行合龙，计划先观察 7d，再迅速安装临时连接件，并及时进行焊接，要求在 1d 内完成。

（8）安装Ⅱ区第四跨 F37 层剩余构件和钢板，安装 F39 层主梁。

32）安装Ⅲ-2 跨 F39 正交桁架上弦、腹杆和主梁。

33）安装 F37 层剩余钢梁。

（9）Ⅲ区Ⅲ-1、Ⅲ-2 跨安装

34）安装 F38、F39 层钢梁、钢板。

35）安装 F39 层以上内部结构。

36）安装 F45 层以上 外框结构。

第二施工阶段：

（10）Ⅰ、Ⅱ区第一跨

37）安装 F38、F39 层钢梁、钢板。

38）安装 F39～F43 层内部结构。

39）安装 F41～F43 层外框构件。

40）安装 F43～F45 层内部结构。

41）安装 F43～F45 层外框构件。

（11）Ⅰ、Ⅱ区第二跨

42）安装 F38、F39 层钢梁、钢板。

43）安装 F39～F43 层内部结构。

44）安装 F41～F43 层外框构件。

（12）Ⅰ、Ⅱ区第三跨

45）安装 F38、F39 层钢梁、钢板。

46）安装 F39～F43 层内部结构。

47）安装 F41～F43 层外框构件。

（13） Ⅱ区第四跨

48）安装Ⅲ-1 跨内、外构件至 F43 层。

49）安装Ⅲ-2 跨内、外构件至 F43 层。

（14） Ⅲ区Ⅲ-1、2 跨安装

50）安装 F37～F39 层外框构件。

51）安装 F37 桁架下弦、主梁、斜撑。

52）安装 F39 桁架上弦、腹杆、主梁。

53）安装 F39～F41 层靠外框的内筒柱和梁。

54）安装 F39～F41 层外框构件。

（15） Ⅲ区Ⅲ-3 跨构件安装

55）安装 F37～F39 层外框构件。

56）安装 F37 桁架下弦、主梁、斜撑。

57）安装 F39 桁架上弦、腹杆、主梁。

58）安装 F39～F41 层靠外框的内筒柱和梁。

59）安装 F39～F41 层外框构件。

（16） Ⅲ区Ⅲ-4 跨构件安装

60）安装 F37～F39 层外框构件。

61）安装 F37 桁架下弦、主梁、斜撑。

62）安装 F39 桁架上弦、腹杆、主梁。

63）安装 F39～F41 层靠外框的内筒柱和梁。

64）安装 F39～F41 层外框构件。

（17） Ⅲ区Ⅲ-5 跨构件安装

65）安装 F37～F39 层外框构件。

66）安装 F37 桁架下弦、主梁、斜撑。

67）安装 F39 桁架上弦、腹杆、主梁。

68）安装 F39～F41 层靠外框的内筒柱和梁。

69）安装 F39～F41 层外框构件。

（18） Ⅲ区 F37～F41 层剩余构件安装

70）依次安装Ⅲ-1～Ⅲ-5 跨 F38、F39 钢梁和 F37、F39 层钢板。

第三施工阶段：

合龙后上部内外筒施工阶段，从Ⅰ、Ⅱ区第一跨开始依次向Ⅲ区Ⅲ-5 跨依次延伸推进，每跨先内筒柱后外筒柱。

3.2.3 施工措施

1. 钢构件悬挑定位工艺

悬臂底部构件以悬挑边梁和桁架下弦为主要基础构件，因所在部位特殊，连接接头较多，构件截面不规则性较强，单件最重达41t，单件长约10m，如何保证大、重型复杂构件在悬挑状态下的准确就位和空间稳定性，为其他构件安装提供良好的连接基准点，直至最终顺利合龙，这就需要有可靠的临时支撑系统和定位校正系统，以确保结构的空间稳定性和安装定位的准确性。因此主要采用了斜拉双吊杆与水平可调刚性支撑相结合的精确定位工艺。

（1）悬挑钢梁安装定位

对于重达40多吨的超大型钢构件的悬挑安装就位，至少需要600kN以上的外力才能确保构件的稳定，防止构件端部出现下挠，而采用传统的施工工艺进行安装就位有一定的局限性，因此为便于控制构件的平、立面空间位置，在水平方向上采用设有大吨位双向调节装置的钢管支撑和临时螺栓卡板定位，在竖向上采用高强钢拉杆、液压千斤顶装置和可调钢管支撑进行稳固与张拉校正。采用高精度全站仪进行三维坐标观测，充分利用塔吊的电脑自动控制起重量的功能，在塔吊、大吨位调节支撑和高强钢拉杆三者统一协调配合下进行测量校正，实现悬挑构件的精确定位。（图3.2.3-1）。

图3.2.3-1　悬挑钢梁安装定位示意图

1—高强钢拉杆；2—可调钢管支撑；3—大吨位双向调节支撑。

所有水平、竖向刚性支撑与结构深化设计一同考虑，作业时，预先设定好定位尺寸，以提高就位的精确性，提高作业工效。临时钢管支撑、钢拉杆与结构本体连接均采用高强销轴连接，便于装拆、周转使用。安装前，在地面将作业操作架、安全防护以及相关稳固定位措施组装到构件上，随同构件一起吊装就位。

（2）高强钢棒设计

1）纵向悬挑构件（梁＋节点）定位与稳固

竖向构件定位：选用高强钢棒（Q460/Φ100）和钢管支撑（Q345/Φ325×12）。

横向构件定位：选用钢管支撑（Q345/Φ325×12）。

2）横向悬挑构件（梁+节点）地位与稳固

竖向构件定位：选用高强钢棒（Q460/Φ100）和钢管支撑（Q345/Φ325×12）。

横向构件定位：选用钢管支撑（Q345/Φ325×12）。

3）悬挑构件（节点）地位与稳固

竖向构件定位：选用高强钢棒（Q460/2Φ100）和钢管支撑（Q345/2Φ325×12）。

横向构件定位：选用钢管支撑（Q345/Φ325×12）。

4）外筒钢棒受力分析计算书（图 3.2.3-2）

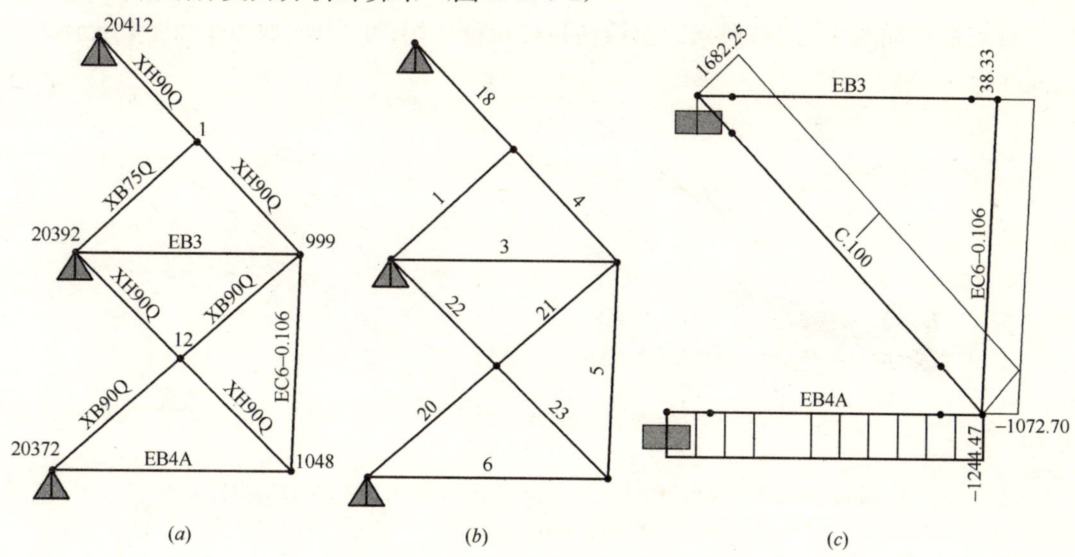

图 3.2.3-2 外筒钢棒受力分析计算

（a）分析模型；（b）分析模型单元编号；（c）杆件轴力图

钢棒直径为 100mm，Q460，轴拉承载力为 3.14×50×50×414=3450kN；

钢棒轴力标准值：1682 kN；

应力比：1682×1.35/3450=0.66 满足；

钢棒轴向变形：$1.682\times10^6/2.06\times10^5/(3.14\times50\times50)=10.4$mm。

（3）支撑钢管设计

根据 F37～F39 层的外框构件和桁架、上、下弦就位需要，在外框内侧，F37 层主梁等部位设置竖向斜撑和水平斜撑，(通过计算分析，侧向相对位移较小，用水平撑杆可调节)，斜撑均为可调节式，规格为 Φ219×8 或 Φ159×10 的钢管，材质 345B。

1）整体稳定

塔楼连接前是整体稳定的最不利情况。结构的整体稳定特征表现为大悬臂结构在重力、风等荷载下的整体稳定特征。相对结构完成后的状态，连接前时悬挑出来的结构刚度基本为主要受力结构，而此时重力荷载相对较小，整体稳定性可以满足要求。进一步的特征值屈曲分析计算分析表明，在重力荷载、风荷载等不利组合下，结构屈曲系数>10，远大于一般工程 3～5 的要求，结构整体稳定性具有较高的安全度。

2）局部稳定

构件局部安装时，在水平、侧向同时有钢管等支撑构件与构件有效连接，可以保证构件的空间稳定性。

3）计算分析

描述基本安装步骤的临时就位体系（焊接前状态），通过钢管、钢棒拉住安装构件，钢棒后置千斤顶用于张紧钢棒和构件位置调节，构件水平面内稳定由侧向钢管支撑提供。

计算模型如图 3.2.3-3 所示，钢棒按拉杆设计，构件应力比如图 3.2.3-4 所示，均远小于 1。

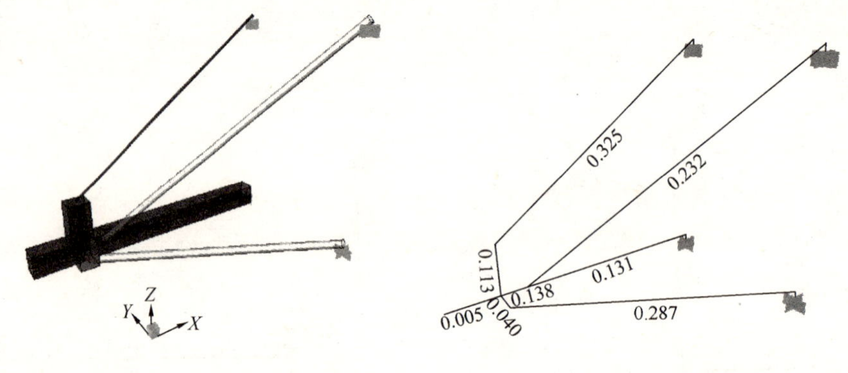

图 3.2.3-3　计算模型　　　图 3.2.3-4　构件应力比

2. 转换桁架安装定位工艺

根据转换桁架的重量与外框构件的连接关系，对桁架进行合理分段，将下弦、腹杆和上弦杆进行适当分离或组合，以利于稳固措施设置和就位校正。

依次按照下弦杆、腹杆、上弦杆的顺序对转换桁架进行散件安装。安装之前，与转换桁架连接的外框构件和桁架下弦跨中的连系梁已安装焊接完成，并设置好高强钢拉杆稳固、校正系统和临时加固支撑，为转换桁架提供可靠的支承点。之后，安装跨越外框的 40m 大型轨道式移动平台，此平台在悬臂施工中主要有三个功能：①为转换桁架安装提供操作平台和安全防护；②为悬臂底部构件安装的安全防护的搭设提供支撑；③为悬臂底部的幕墙、防腐、防火涂装提供安全作业平台。最后按照先两侧后中间的顺序对桁架杆件进行安装。

根据内业模拟计算结果，需对桁架进行起拱，起拱值主要通过抬高跨中连系梁标高来实现，并利用高强钢拉杆与液压千斤顶协同作业来完成。

大型移动式操作平台设计：

随着悬臂的延伸，在其底部设置两个大型移动式操作平台，平台采用倒三角形型钢桁架体系，高 2.95m，宽 2.0m，长 40.55m，可按施工需要对其上部加宽。平台下弦为口 300×20 箱梁、上部为 H100×100×6×8，上铺 3mm 花纹钢板，与主体连接选用 6 个手拉小车，在边梁上焊接工字钢轨道。

图 3.2.3-5 CCTV 转换桁架安装施工照片

3. 合龙工艺

悬臂合龙是央视主楼最大的技术难题之一，其构件应力和位移控制是实现结构准确、安全合龙和完工质量目标的关键。受结构倾斜和悬臂延伸安装影响，部分悬臂构件在合龙前后的传力方向会发生改变，而且安装预调较大，结构变形与应力变化的不确定性因素较多，特别是温度、日照对构件变形影响较大，这些都需要模拟最不利工况，对悬臂合龙前后结构的安全性进行计算分析，制定可靠的合龙方式和相关技术措施，以确保悬臂顺利合龙。

（1）合龙位置选择

经过多种方案比较，合龙位置选择悬臂转折区域，如图 3.2.3-6 所示。主要分三次由内侧向外侧依次完成底部转换层结构，每次合龙的位置如图 3.2.3-7 所示，其中第一次合龙最关键，它是后续合龙的基础，第一次合龙点选择外框和桁架下弦处关键受力杆件，以下主要阐述第一次的合龙工艺。

（2）合龙流程

合龙前后的安全性分析→选定初次合龙位置→设计临时合龙连接接头→合龙前结构变形和应力应变监测→确定合龙时间→安装合龙构件，固定一端→观察合龙间隙变化情况→合龙间隙达到要求，快速连接固定合龙构件的另一端→在测量实时监测下，对合龙构件进行焊接固定，焊接先焊接一端，冷却后再焊接另一端。

（3）临时合龙连接接头设计

由于悬臂合龙构件在合龙过程中，不利工况下内力最大达到 4975kN，而合龙构件为高强厚板全熔透焊接连接固定，焊接质量高、焊接时间长，每个焊接点需要两名焊工至少连续焊接 16h 才能完成，构件两端受工艺限制，不能同时焊接，因此为了保证两段悬臂能在最短的时间内连接上，避免受日照、温度、风载等外界因素影响而破坏焊接，需要设计临时的合龙连接接头。经过计算，合龙构件端部两侧和下方设置 3 块高强销轴连接卡板，卡板材质为 Q345B，厚 70～120mm；销轴材质 40Cr，直径为71～

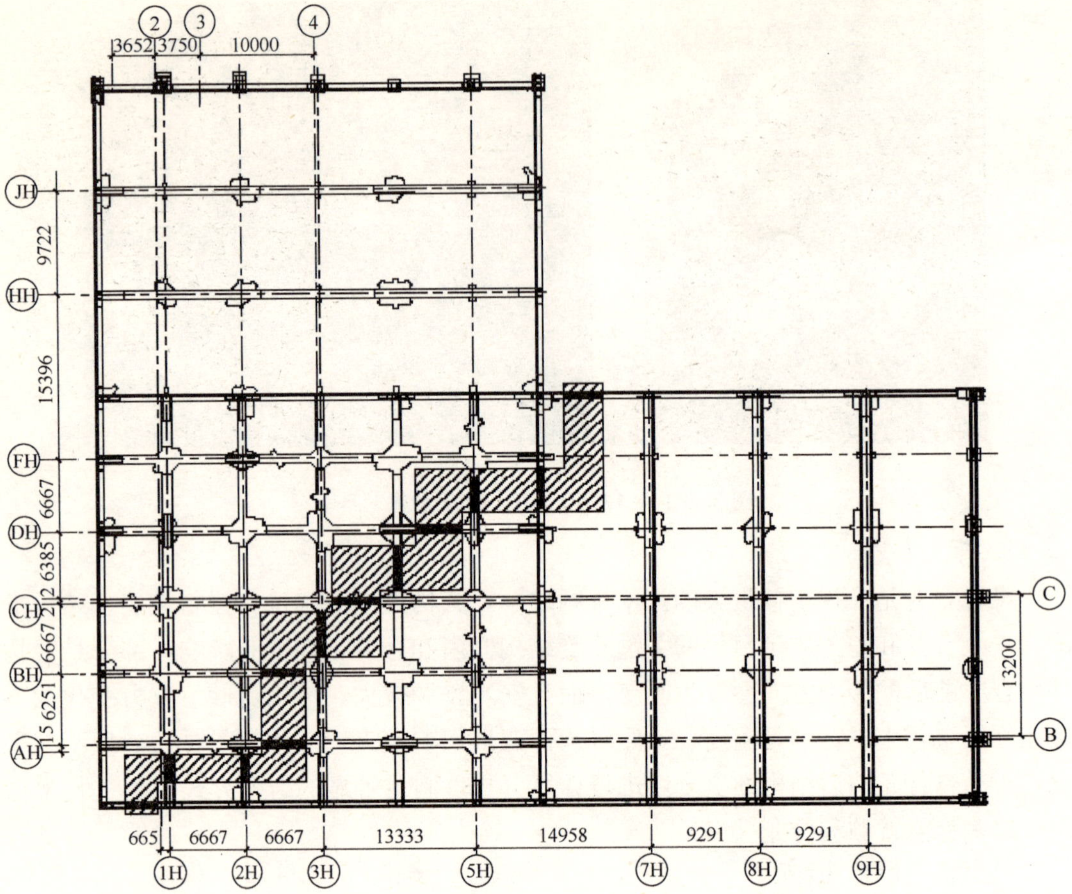

图 3.2.3-6 合龙区域平面图

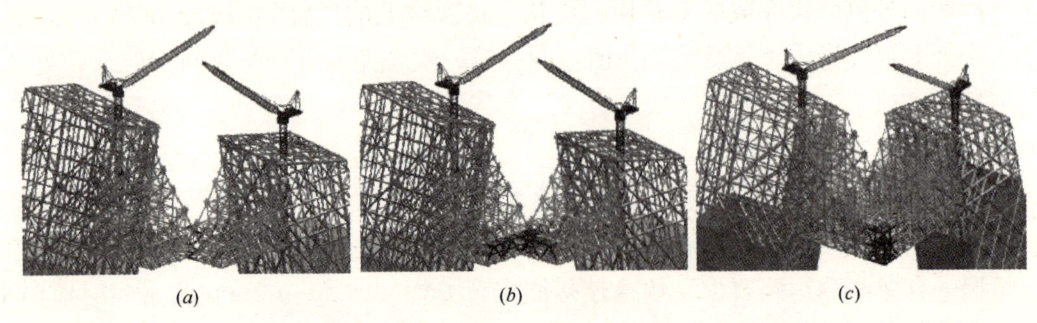

图 3.2.3-7 合龙位置划分示意图

(a) 第一次合龙：外框与转换桁架下弦共七根构件相连；(b) 第二次合龙：补装第一次合龙区域的剩余构件；(c) 第三次合龙：转换层最远端封闭连接完成

121mm。临时合龙连接接头设计形式如图 3.2.3-8 所示。

1）强度

合龙构件完全连接完毕时的构件内力可作为临时连接承担内力的上限用于临时连接设计。

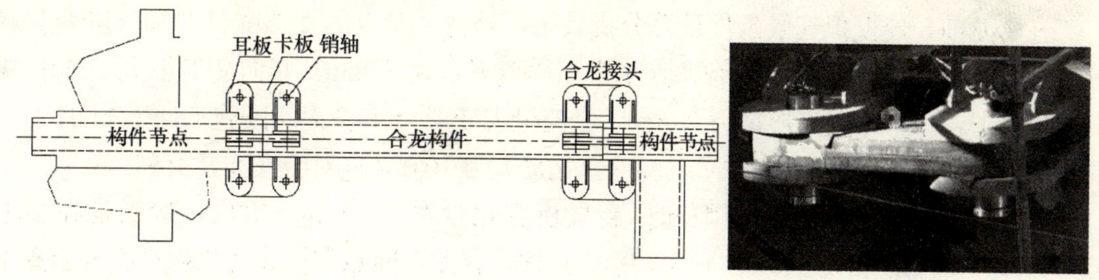

图 3.2.3-8 临时合龙连接接头示意图合龙位置划分示意图

由施工模拟分析可知，7 根合龙构件最大设计轴力 $N_t=5111$kN。

单连接设计拉（压）力 $N=5111$ kN/6=852kN。

2）耳板

耳板钢材 Q345 最大板厚 50mm，$f_v=155$N/mm²。

销孔直径 $D=100+5$mm=105mm

耳板最小抗剪截面：

$$A_n=100\text{mm}\times(300\text{-}105)\text{mm}=19500\text{mm}^2$$

最小抗剪承载力：

$V=f_vA_n=155\times19500/1000=3022\text{kN}\gg852$ kN，满足要求。

3）销子

Φ100 高强销子单根抗剪承载力计算：

$$A_1=3.14\times(50\times50)=7850\text{mm}^2$$

$$V_1=nf_vA_1=2\times390/1.732\text{N/mm}^2\times7850\text{mm}^2=3535\text{kN}$$

销群抗剪承载力：

$V=6V_1=6\times3535\text{kN}=21211\text{kN}\gg5111\text{kN}=Nt$，满足要求。

4）连接板

连接板 _ 960×300（或 360）×100（或 50×2），钢材 Q345，100mm 板厚设计强度 $f=250$N/mm²。

单连接板设计拉（压）力 $N=5111$kN/6=852kN

销孔直径 $D=100$mm+5mm=105mm

最小净截面积 $A_n=100\times(300-105)=19500\text{mm}^2$

最小抗拉（压）承载力 $N=fA_n=250\times19500/1000=4875\text{kN}\gg852$kN，满足要求。

5）刚度要求

焊接时需要靠销子等连接构件承担外加荷载、作用等产生的应力，安装过程中在连接件孔缝塞入抗剪键加强连接，使得连接件将合拢构件紧密连接在一起，避免焊接时焊缝受力。

（4）合龙时间的选择

在合龙前，经模拟气候条件计算分析表明，悬臂合龙点的变形受日照和温度变化影响最大，在25℃温差情况下，合龙点水平相向变形最大25mm，竖向变形最大5mm；在日照作用下，水平最大变形量为23mm，竖向最大变形2mm。而实际施工处于11月下旬和12月初，大气温度在-4～8℃，温差变化最大为10℃，这对合龙非常有利。

通过实际观测，合龙点间隙和标高昼夜变化量在3～12mm以内，特别是在早上6：00～9：00点钟和夜间21：00～00：00点钟，合龙点间隙和标高变化相对稳定，变化量小，随着温度升高，合龙间隙减小；温度降低，合龙间隙增大。因此，通过气象预报资料，一周连续观察，选择阴天早上6：00～9：00点钟进行合龙，随着白天温度升高，合龙构件处于轴向受压状态，对临时合龙接头连接件受力和保证焊接质量有利。

（5）合龙技术要点

1）悬臂外框和转换桁架必须按照安装预调值和安装步骤进行工厂预拼装，这是整个悬臂安装顺利和精度控制的前提。

2）严格按照实际工况进行模拟计算分析，利用不同计算软件，相互校核，确保分析的准确性。

3）悬臂安装严格按照计算分析的工况进行，在焊前、焊中、焊后实时监测构件变形和结构应力应变。

4）采用用高精度激光铅直仪从地面进行平面基准控制点位传递，用高精度全站仪进行高程传递，并采用GPS全球卫星定位技术进行基准点位的校核，保证悬臂结构的安装精度，确保快速、准确合龙。

5）采用具有自动捕捉跟踪功能的智能全站仪进行上一跨悬臂结构的变形监测，将实测结果与理论分析对照，确定下一跨结构的安装坐标，逐步消除累积误差。

6）与气象台保持紧密联系，掌握10天之内的气候预测情况，合理安排好施工进度，在一周内对合龙点进行两次24h连续监测，找出合龙点间隙变化与温度的关系，并且在每天上午9：00和下午3：30对合龙点间隙、连接端面的三维坐标进行连续观测，以便在工厂对合龙构件的长度和断面接口角度进行及时修正，并根据现场实测数据，对临时合龙连接接头的卡板进行套模钻孔。

7）合龙过程持续的时间越短，对结构的安全就越有利，因此，为了保证在24h内完成合龙构件的最终焊接固定，必须提前将构件吊装就位，用高强销轴连接卡板固定构件一端，构件另一端处于自由状态，并观测焊缝间隙的变化情况；在第二天早上预定时间内，将所有合龙构件的另一端同时用销轴连接固定，并楔入连接销键使销轴与连接板连接紧密，防止焊接时焊缝受力。

8）在合龙构件焊接完成后，及时插入安装合龙区域其他关键受力构件，减少合龙构件的受力，提高结构的安全度。

3.2.4 结论

CCTV主楼的双向倾斜超大悬臂钢结构采用“两塔悬臂分离安装、逐步阶梯延伸、空中阶段合龙”的施工方法。利用移位后的两台 M1280D 塔吊进行吊装，采取从根部向远端逐跨延伸的施工步骤进行安装，通过预调值处理结合实际观测修正，逐步消除累积误差，采用高精度全站仪测量和 GPS 全球卫星定位“双控”技术确保了施工精度。

为实现悬臂的安装定位与结构成型满足设计要求，主要运用了以下新技术和新工艺：重型悬挑构件的“斜拉双吊杆结合水平可调支撑”精确定位工艺；40m 跨轨道式悬挂移动操作平台的设计与运用和高强销轴＋键快速合龙技术等，这些新工艺在特殊体型复杂钢结构研究、设计、施工领域中具有重要的实践参考价值，具有广阔的推广前景。

3.3 大跨度悬挑结构——巨人科技产业园

3.3.1 工程概况

巨人科技产业园位于上海西郊松江区，建筑总面积 2.4 万平方米，犹如一条巨龙悬浮于城市四车道公路之上，通过 324m 空中走廊连接起由东向西多个不同功能的区域，如办公楼、展示厅、视听室、图书馆、休闲运动会所等，“龙头”、“龙尾”两端悬臂结构各长 32.8m 和 41.14m，会所跨度达 34.7m。从空中俯视，整个建筑群犹如构造板块冲撞堆积形成在公路上方及两侧，建筑屋面波动起伏，与现有运河和新造人工湖一起构成了具有高度雕塑感的景观。

办公楼 A 区“龙头”从Ⅱ-5 轴 3 层(10.065m) 处开始向Ⅱ-1 轴悬挑，悬挑钢构件由 H 型梁、箱型梁、H 型立面斜撑和水平圆管支撑构成，悬挑总长 32.878m，层高 4.4m，共 4 层，在 4 层到屋面之间形成两立面桁架体系，结构采用 H 型斜支撑，节点为全焊接固定(图 3.3.1-1)。钢柱与主梁连接为栓焊组合，悬挑钢构件最长 9m，单重约 1.4t，“龙头”构件总量达 225 件，总重 150t。

图 3.3.1-1 “龙头”悬挑结构模型

3.3.2 施工方法

1. 总的施工思路

悬挑龙头施工前，在办公楼 A 区Ⅱ-5～Ⅱ-18 轴钢结构安装完 5 层以上，形成整体框架后，进行龙头悬挑结构的跟进施工，为确保整体结构受力安全，楼面混凝土结构施工应在Ⅱ-7或Ⅱ-6轴预留楼面，与悬挑楼面整体浇筑，使之形成过渡整体层，增加悬挑刚度。

因此悬挑施工步骤为：

第一步：对悬挑部位地面设置支撑胎架，胎架地面平场、填实；

第二步：制作临时支撑胎架；

第三步：办公楼A区Ⅱ-18～Ⅱ-5轴安装完成至5层以上，形成主体框架；

第四步：安装悬挑结构3层主梁、次梁及钢柱，并调整起拱值；

第五步：安装4层～屋面桁架结构，主次梁和支撑；

第六步：由Ⅱ-5轴开始向Ⅱ-4、Ⅱ-3轴立面阶梯顺序焊接连接节点，逐步向悬挑端部延伸焊接，控制焊接质量。

2. 悬挑构件安装流程（图3.3.2-1）

3. “龙头”悬挑结构安装顺序

(1) 安装人员依据胎架上的测量控制轴线安装并定位第三层Ⅱ-4、Ⅱ-3、Ⅱ-2轴的主梁。

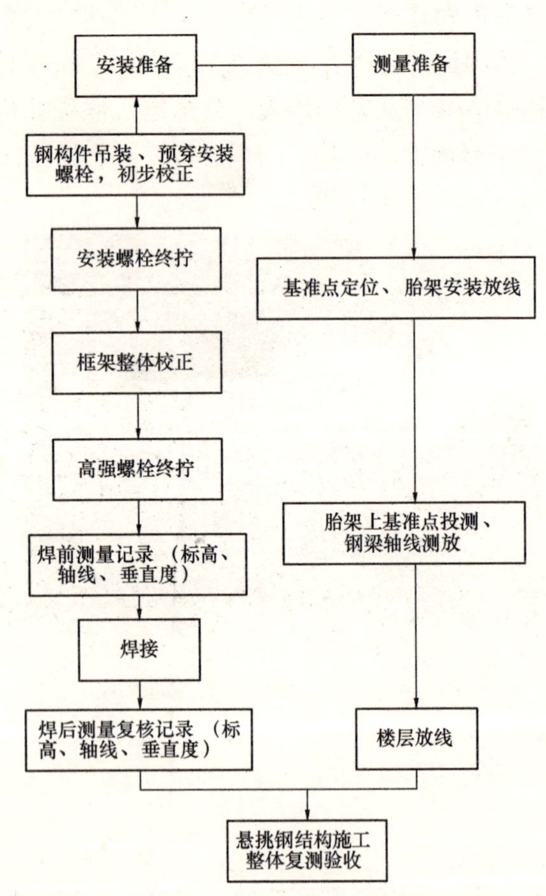

图3.3.2-1 “龙头”悬挑钢结构安装流程图

(2) 按照主次关系安装联系次梁。

(3) 当3层结构钢梁全部安装完毕、形成整体后，用全站仪和水准仪复测柱、梁节点部位的测量控制点坐标和标高，进行整体校正。合格后进行高强螺栓的初拧和终拧。

(4) 安装3、4层Ⅱ-4、Ⅱ-3、Ⅱ-2轴之间的层间柱。

(5) 安装4层主、次梁，形成整体框架后进行整体校正，校正人员根据测得的4层梁上柱头部位控制点坐标和标高偏差值，利用导链和缆风绳，通过导链的收拢和松开，进行轴线偏差的校正，利用楔铁调整柱梁接头的间隙，进行标高的校正。校正合格后进行高强螺栓的换穿、初拧和终拧。

(6) 安装地面拼装好的Ⅱ-1轴3、4层之间的层间柱和3层钢梁。

(7) 安装4、5层梁之间的层间柱。

(8) 安装5层钢梁。

（9）安装4、5层之间立面斜撑，形成整体框架后，按照步骤（5）相同的方法，进行整体校正。校正的顺序为：先调整标高，再调校错口，最后校正柱、梁的轴线偏差。

（10）安装5层梁上柱。

（11）安装屋面钢梁。

（12）最后安装水平圆管支撑。

3.3.3 施工措施

1. 支撑胎架设置

根据悬挑主轴线和轴间距确定支撑胎架设置位置，利用全站仪确定六个胎架立柱点位，并用油漆在地面做好标记，通过这六个定位点精确控制胎架站位，立柱坐落于Ⅱ-4、Ⅱ-3轴上，通过此立柱受力点支撑起整个胎架及上部悬挑结构（图3.3.3-1～图3.3.3-2）。

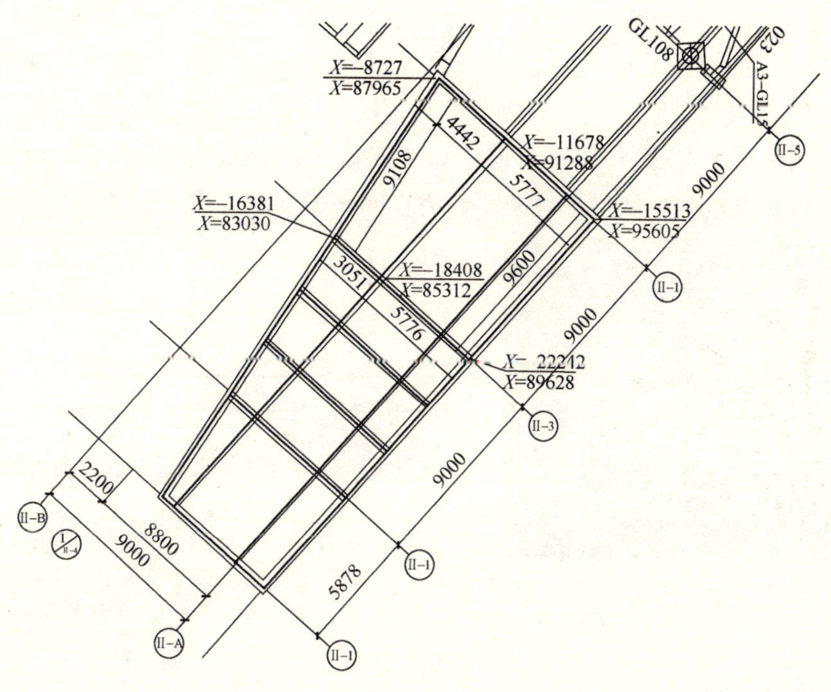

图3.3.3-1 “龙头”胎架俯视图

2. 支撑胎架基础处理

支撑胎架位置处于5.8m宽混凝土临时道路和部分原土面层上，临时道路高于土层（图3.3.3-3），考虑到该土层为老土层，故用毛石将其回填到路面高度，并用履带式铲车在回填面上逐层压实，至回填面与路面平齐。为解决承压面平衡受力问题，在六个主受力点下部做一环形框架梁平台，通过此平台均匀释放上部荷载。

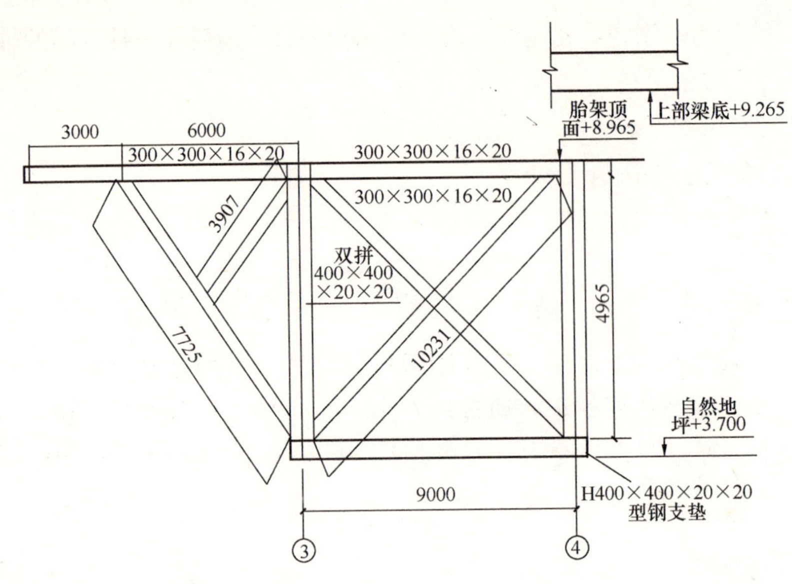

图 3.3.3-2 “龙头”胎架立面图

施工时将环形框架梁平台焊接成型，并在梁下部预留 100～200mm 间隙，再用 C30 混凝土将间隙填实，使整个框架梁作用在同一平面上（图 3.3.3-4）。

图 3.3.3-3 “龙头”悬挑部分地质条件

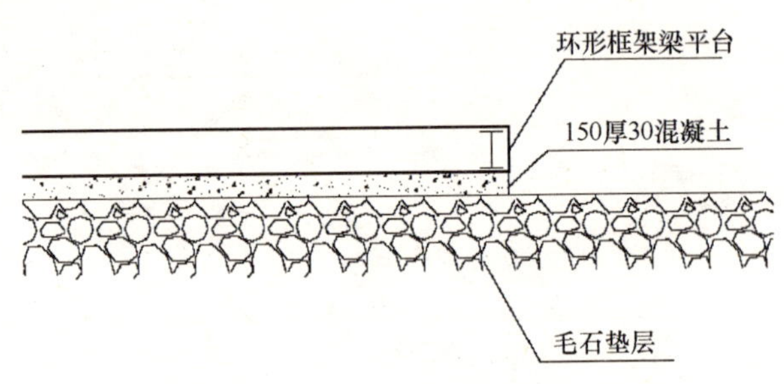

图 3.3.3-4 “龙头”胎架搭设前处理

3. 支撑胎架卸载

办公楼 A 区龙头悬挑钢结构施工完成，楼、屋面钢筋混凝土强度达到 80%以上时，支撑胎架进行卸载，为减少卸载产生集中应力，采用循序渐进的卸载方法。

(1) 卸载顺序

卸载按由外向里同步对称的施工顺序进行，先从Ⅱ-2 轴开始卸载，再卸载Ⅱ-3 轴，最后卸载Ⅱ-4 轴，分 3～5 次循环式卸载。

(2) 卸载实施

采用气体切割法施工卸载：胎架卸载前先在各支撑座上周边用记号笔测划出切割

线，按照各支点起拱高度进行分层切割（图 3.3.3-5），通过多层切割，缓慢卸载直到卸载完毕。

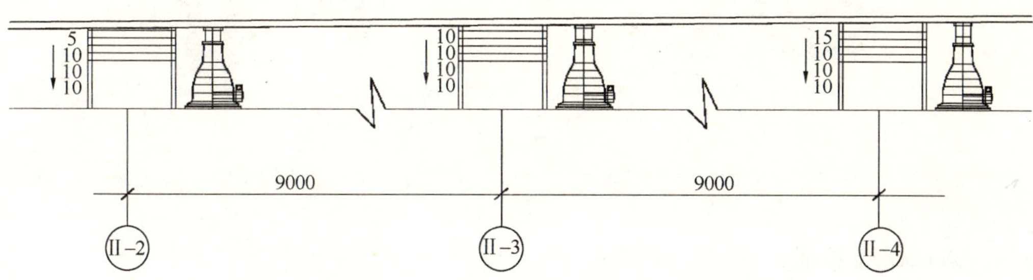

图 3.3.3-5 胎架卸载气体切割分层图

4. 支撑胎架设计

办公楼 A 区悬挑：Ⅱ-B 轴～Ⅱ-A 轴/Ⅱ-1～Ⅱ-4 轴的临时支撑验算支撑体系如图 3.3.3-6。

建筑结构自重直接通过支撑柱传递至地面。钢柱为双拼 H400×400×20×20 型钢，钢梁为 300×300×16×20 型钢。

根据结构图纸分析，该悬挑钢结构为 130t，3 层楼板面积为 $675m^2$，预计浇筑 120mm 的混凝土楼板，荷载如下：

$$G=A\times H\times\rho=675\times0.12\times2=162t$$

施工荷载考虑为 $2kN/m^2$，则施工荷载量为：

$$G=A\times0.2=675\times0.2=135t$$

则总荷载为 130＋162＋135＝427t，计算时作为动荷载考虑。

根据受力点分配荷载如图 3.3.3-7。

计算结果如图 3.3.3-8 和图 3.3.3-9：结构最大位移为 8mm，结构最大应力为 181MPa，满足钢结构设计规范的要求。

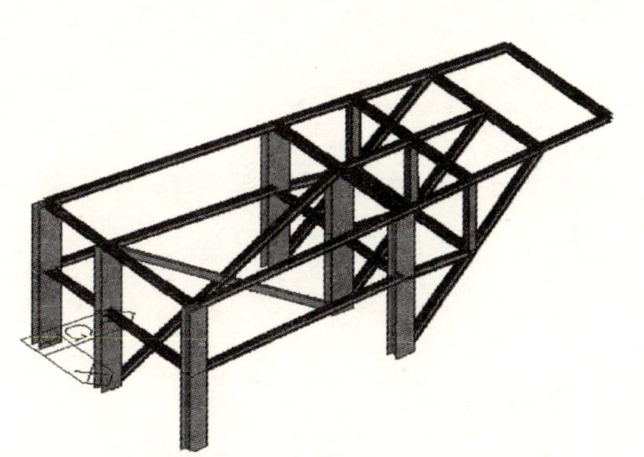

图 3.3.3-6 支撑体系验算结构示意图

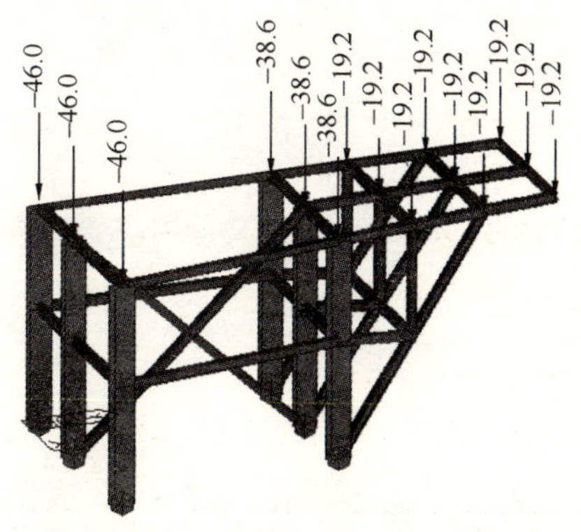

图 3.3.3-7 支撑体系验算分配荷载示意图

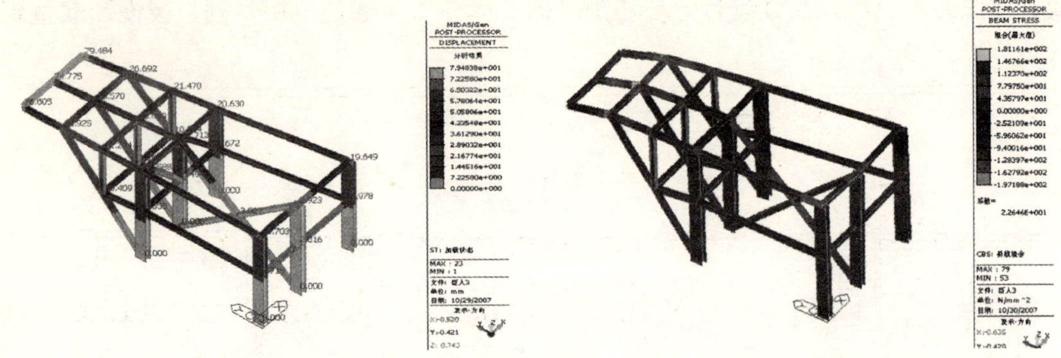

图 3.3.3-8　支撑体系验算结构位移示意图　　图 3.3.3-9　支撑体系验算结果应力示意图

3.3.4　结构试验验证

对 A 区办公楼龙头悬挑部分，即位于轴线Ⅱ-1～Ⅱ-5 之间的结构进行了龙头悬挑端钢结构拆撑及加载试验，以验证结构的安全性。测试共分为两阶段：一是拆撑卸载阶段，监测拆撑过程中结构应力应变及变形的变化过程；二是楼面加载阶段，测试在楼面荷载逐步增加至设计荷载时结构的应力应变及变形的变化过程。

1. 拆撑方案

卸载点布置如图 3.3.4-1 所示，共设置六个。卸载分三步进行，第一步去掉轴线Ⅱ-2 上的两个支撑点（最外端支点），第二步去掉轴线Ⅱ-4 上的两个支撑点（最内侧支点），第三步去掉轴线Ⅱ-3 上的两个支撑点（中部支点）。

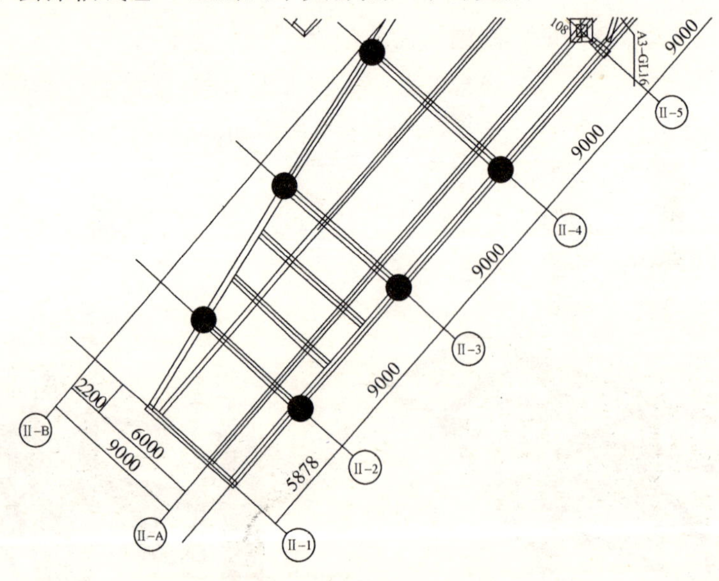

图 3.3.4-1　卸载点布置图

2. 水加载方案

本次测试考虑水压加载，它具有完全均布、易控制性等优点。龙头悬挑部分各楼层根据设计荷载按照等比例同步加载，加载区域及挡水墙见图 3.3.4-2。

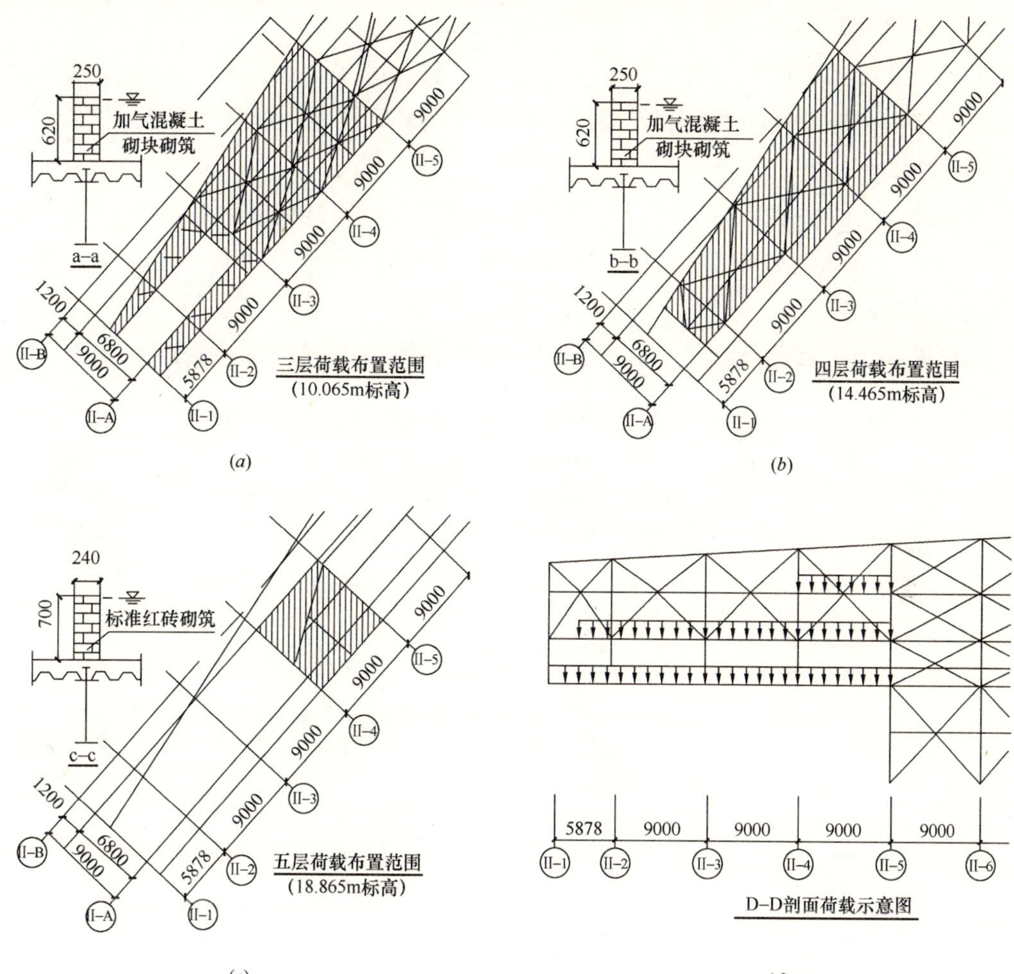

图 3.3.4-2　加载区及挡水墙布置图

楼层测试荷载计算：

楼面设计恒荷载：5.35kN/m^2；楼面设计活荷载：2.50kN/m^2；

测试时楼面恒荷载：150mm 厚混凝土屋面板 3.75kN/m^2；压型钢板 0.22kN/m^2；

需加荷载：$5.35\times1.2+2.5\times1.4-3.75-0.22=5.95$kN/m^2；

需注水深度：$5.95\times103/104=0.595$m，总用水量约 370t。

在楼面注水加载区域周边，需用砖砌成具有一定高度的连续墙体（见上图中各墙体剖面），以形成蓄水空间，并做好墙体及楼面的防渗防漏处理。

3. 测试方案

在卸载开始前，在龙头区域布设测试仪器、完成应变片粘贴、接线及仪器调试，在需要加载的楼面周围砌挡水墙；从卸载开始记录卸载过程及水加载过程几个重要阶段在测试位置上的应变增量数值，关键点变形测试由施工现场的全站仪完成，以此作为计算校核结构安全的依据。

（1）测试内容

主要测试拆撑及加载过程中的结构应变与位移：应变测试用应变片；位移测试考虑到施工现场杂乱以及测试便利性及准确性，由施工单位配合用全站仪完成。

（2）测试点位置

在悬臂龙头的根部区域（桁架的下弦与柱子位置）测试应变，在 8 根构件上设置 22 个测点；在龙头悬臂端部及中部，测试几个重要阶段的竖向挠度，设置 6 个测点。

1）位移测点

共布置 6 个位移测点，用全站仪在现场定位各测点空间坐标，测点具体布置及编号见图 3.3.4-3。

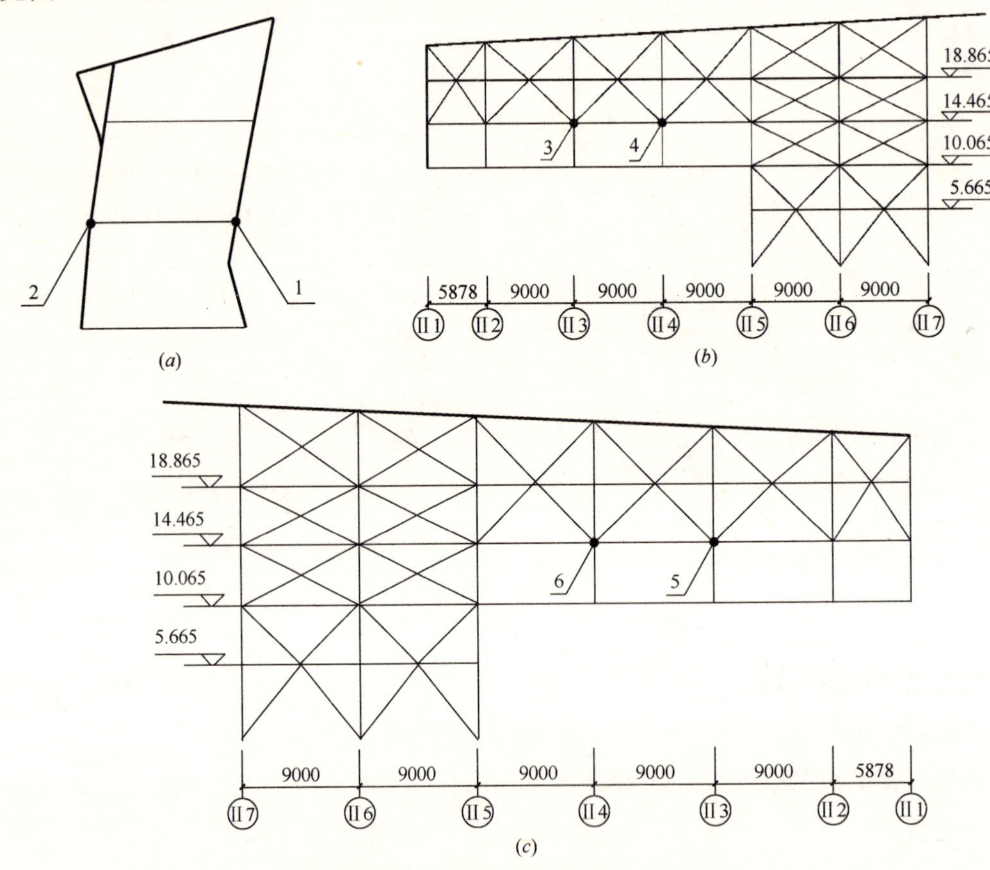

图 3.3.4-3　位移测点具体布置及编号图

(*a*) 轴线Ⅱ-1 所在立面（位移测点 1、2）；(*b*) 轴线Ⅱ1-Ⅱ7 立面（位移测点 3、4）；

(*c*) 轴线Ⅱ7-Ⅱ1 立面（位移测点 5、6）

2）应变测点

共测试悬挑根部受力较大的 8 根构件，每根构件布置 1～3 个应变片，应变片具体布置及编号见图 3.3.4-4。

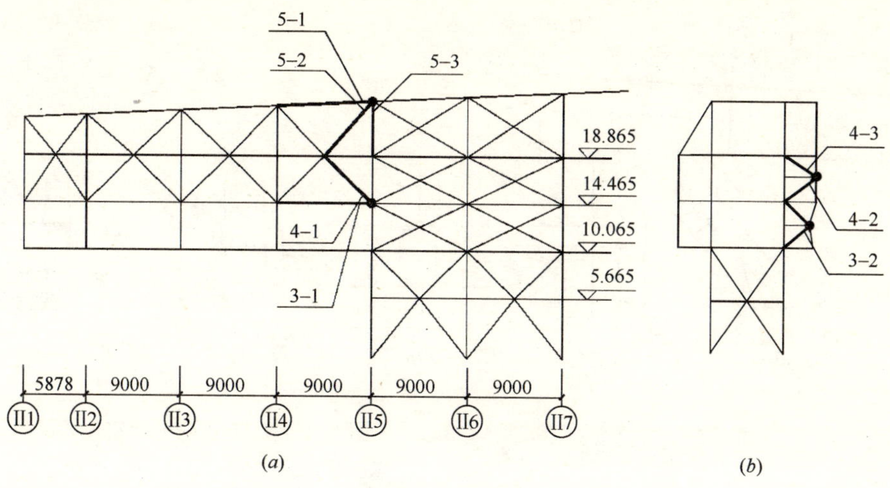

图 3.3.4-4 设置应变测点杆件的布置及编号

(a) 轴线Ⅲ-Ⅱ7 立面；(b) 轴线Ⅱ-5 所在立面

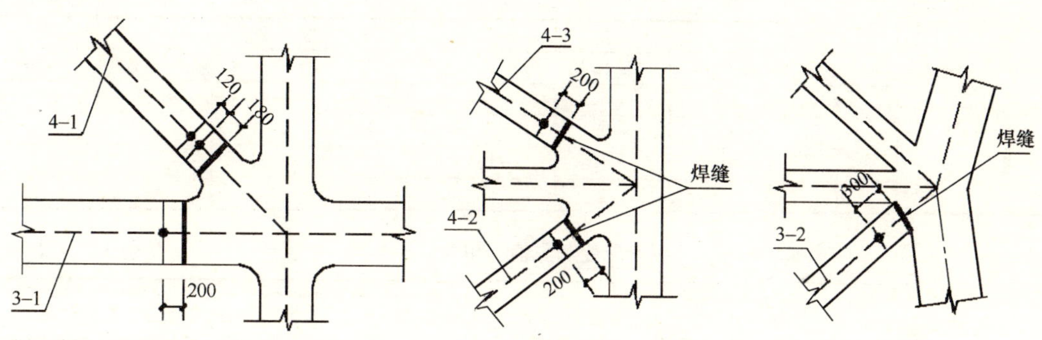

图 3.3.4-5 3、4 层设置应变片杆件的定位

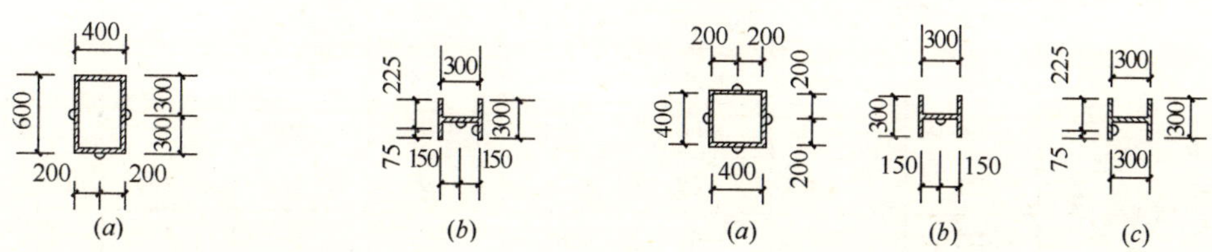

图 3.3.4-6 3 层应变片定位

(a) 3-1 应变片定位；

(b) 3-2 应变片定位

图 3.3.4-7 4 层应变片定位

(a) 4-1 应变片定位；(b) 4-2 应变片定位；

(c) 4-3 应变片定位

4. 试验结果

办公楼结构试验在 2008 年 7 月 28 日开始，具体拆撑时间为 7 月 28 日上午 5：00～8：00，注水加载时间为 7 月 28 日 19：30～7 月 29 日 1：20。试验测试结果见表 3.3.4-1 和表 3.3.4-2。

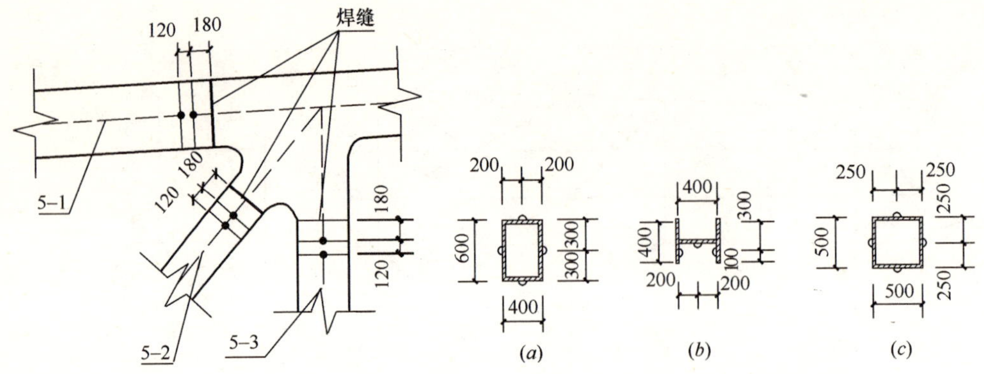

图 3.3.4-8　5 层设置应变片杆件的定位

图 3.3.4-9　5 层应变片定位
(a) 5-1 应变片定位；(b) 5-2 应变片定位；(c) 5-3 应变片定位

测点位移观测值（单位：mm）　　**表 3.3.4-1**

测点编号		初始值	拆撑完成	一级加载	二级加载	三级加载	四级加载	卸载完成
Z 向位移 (U_z)	1	0	−17	−20	−24	−29	−31	−19
	2	0	−19	−21	−26	−30	−33	−20
	3	0	−7	−9	−11	−14	−15	−7
	4	0	−3	−4	−5	−8	−9	−4
	5	0	−8	−10	−12	−16	−18	−9
	6	0	−3	−5	−6	−8	−9	−3

测点应变测量值（单位：με）　　**表 3.3.4-2**

杆件编号		应变片编号	应变值						
			初始值	拆撑完成	一级加载	二级加载	三级加载	四级加载	卸载完成
3 层	3-1（西）	D6	0	−65	−80	−90	−115	−130	−65
		D2	0	−62	−85	−89	−105	−124	−62
	3-1（东）	D7	0	−68	−81	−92	−110	−130	−68
		D9	0	−64	−83	−86	−100	−129	−64
	3-1（下）	D1	0	−68	−76	−85	−113	−135	−68
		D3	0	−60	−82	−93	−120	−146	−60
	3-2	D5（Y）	0	−40	−45	−65	−80	−95	−40
		D8（F）	0	−43	−46	−54	−78	−90	−43
4 层	4-1（上）	A5	0	−110	−180	−225	−295	−320	−110
	4-1（下）	A8	0	−102	−175	−200	−269	−305	−102
	4-1（西）	A1	0	−120	−179	−210	−296	−340	−120
	4-1（东）	A6	0	−113	−186	−235	−296	−336	−113
	4-2	A4（Y）	0	−105	−115	−150	−165	−180	−105
		A2（F）	0	−115	−120	−130	−158	−170	−115
	4-3	A3（F）	0	−100	−106	−156	−170	−186	−100

续表

杆件编号		应变片编号	应变值						
			初始值	拆撑完成	一级加载	二级加载	三级加载	四级加载	卸载完成
5层	5-1（上）	C5	0	90	100	110	120	145	90
		E9	0	98	102	112	125	135	98
	5-1（下）	E4	0	95	99	105	116	132	95
		E5	0	85	95	106	116	132	85
	5-1（西）	E7	0	93	102	114	126	150	93
		E6	0	94	98	100	110	140	94
	5-1（东）	E2	0	82	92	98	116	145	82
		E3	0	90	103	112	123	151	90
	5-2（北）	C1	0	70	85	105	130	140	70
		C2	0	69	82	95	120	132	69
	5-2（南）	C3	0	62	78	98	121	132	62
		C4	0	73	86	106	129	145	73
	5-2（东）	C7	0	62	79	103	128	146	62
		C8	0	76	83	99	118	135	76
	5-3（北）	B3	0	−50	−60	−75	−85	−100	−50
		B4	0	−53	−61	−72	−80	−90	−53
	5-3（南）	B5	0	−55	−60	−79	−83	−95	−55
		B6	0	−48	−55	−69	−79	−93	−48
	5-3（西）	B8	0	−50	−53	−68	−80	−92	−50
		B7	0	−49	−56	−70	−82	−101	−49
	5-3（东）	B2	0	−45	−51	−72	−89	−103	−45
		B1	0	−56	−65	−79	−90	−101	−56

5. 理论分析

办公楼A区为龙头及前半龙身，位于轴线Ⅱ-1至Ⅱ-18节点之间，龙头部分悬挑2～3层，悬挑长度约为33m。本节用ANSYS建立计算模型，对结构进行拆撑及水加载试验过程的安全分析，以对比评价试验结果。计算模型如图3.3.4-10：

图3.3.4-10 A区在ANSYS中的计算模型

(1) 荷载取值

1) 拆撑分析的荷载

考虑到拆撑发生在主体结构成型后，所以拆撑分析考虑的荷载工况为钢结构框架自重，楼板自重以及测试蓄水池的墙体。屋面自重不包括屋面板，楼面自重不包括玻璃幕和地板部分。3、4层蓄水池墙体尺寸$b \times h$为250×620，由250(宽)×300(高)×

600(长)的加气混凝土砌块砌筑，内表面和上表面做 20mm 厚水泥砂浆粉刷；5 层蓄水池墙体尺寸 $b\times h$ 为 240×700，由标准红砖砌筑，内外两侧及上表面做 20mm 厚水泥砂浆粉刷。

分析采用的荷载：

结构自重 SELF（钢框架、组合楼板）；

蓄水墙体自重 WALL。

分析采用的工况组合：

1.0×SELF+1.0×WALL。

按照拆撑过程，有限元计算分下面 4 个荷载步：

STEP0：为初始状态；

STEP1：去掉轴线Ⅱ-2 上的两个支撑点（最外端支点）；

STEP2：去掉轴线Ⅱ-4 上的两个支撑点（最内侧支点）；

STEP3：去掉轴线Ⅱ-3 上的两个支撑点（中部支点）。

2）水加载分析的荷载

分析采用的荷载：

结构自重 SELF（钢框架、组合楼板）。

蓄水墙体自重 WALL。

水压荷载 WATER：5.95kN/m^2，布置在龙楼悬挑处的楼板上，具体位置见加载方案。

分析采用的工况组合：

1.0×SELF+1.0×WALL。

1.0×SELF+1.0×WALL+1.0×WATER。

分析采用分 4 步加载的顺序，每一荷载步增加 15cm 水，即水荷载的 1/4。

STEP0：1.0×SELF+1.0×蓄水墙体自重；

STEP1：1.0×SELF+1.0×蓄水墙体自重+0.25×水压荷载；

STEP2：1.0×SELF+1.0×蓄水墙体自重+0.50×水压荷载；

STEP3：1.0×SELF+1.0×蓄水墙体自重+0.75×水压荷载；

STEP4：1.0×SELF+1.0×蓄水墙体自重+1.00×水压荷载。

（2）拆撑分析

STEP0（初始状态），该工况最大 Z 向位移为 5.2mm，发生在Ⅱ-3、Ⅱ-4 轴线之间。最大等效应力 58.7N/mm^2，位于Ⅱ-4 轴线处的杆件。杆件最大轴向拉应力 14.0N/mm^2，杆件最大轴向压应力−47.1N/mm^2，分析结果见图 3.3.4-11。

（3）水加载分析

STEP0（初始状态）：该工况最大 Z 向位移为 29.0mm，发生在龙头悬挑端，最大位移约为悬挑长度的 1/1138。最大等效应力 53.7N/mm^2，位于龙头内部斜撑。杆件

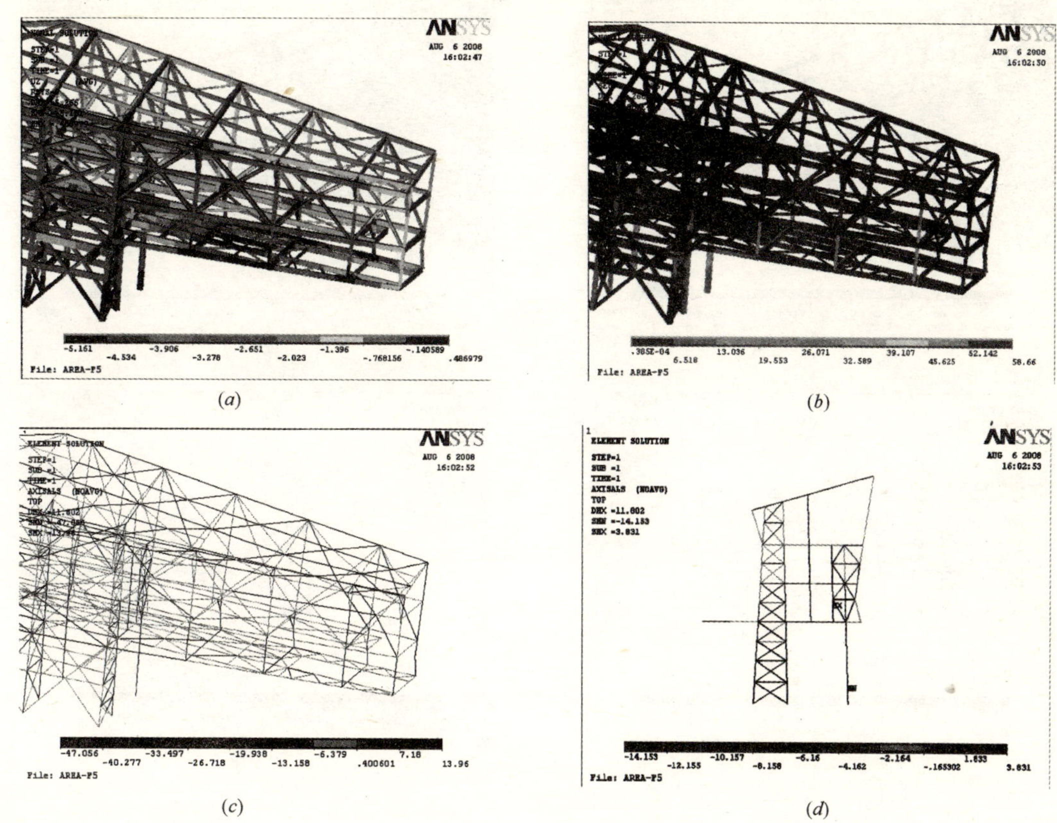

图 3.3.4-11　拆撑分析结果图

（*a*）STEP0 位移（U_Z，mm）；（*b*）STEP0 应力（Von Mises，MPa）；（*c*）STEP0 轴向应力（MPa）；（*d*）STEP0 轴向应力（轴线Ⅱ-5 立面，MPa）

最大轴向拉应力 37.2N/mm²，杆件最大轴向压应力－40.0N/mm²，分析结果见图 3.3.4-12。

6. 理论结果与试验结果比较

（1）与拆撑测试结果比较（表 3.3.4-3～表 3.3.4-6）

Z 向位移有限元计算值（单位：mm）　　　　**表 3.3.4-3**

测点编号		STEP0	STEP1	STEP2	STEP3
Z 向位移（U_z）	1	－1.6	－5.3	－5.7	－29.3
	2	－1.1	－5.4	－5.7	－28.7
	3	－0.7	－1.4	－2.0	－18.0
	4	－0.7	－0.9	－2.3	－10.4
	5	－0.5	－1.1	－1.5	－17.4
	6	－0.5	－0.6	－1.7	－9.4

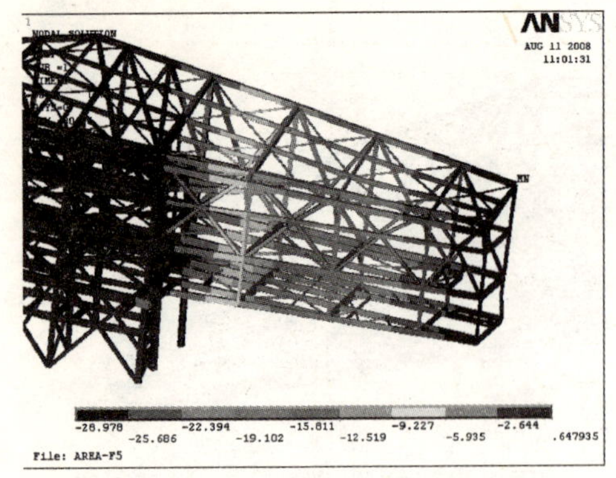

(*a*)

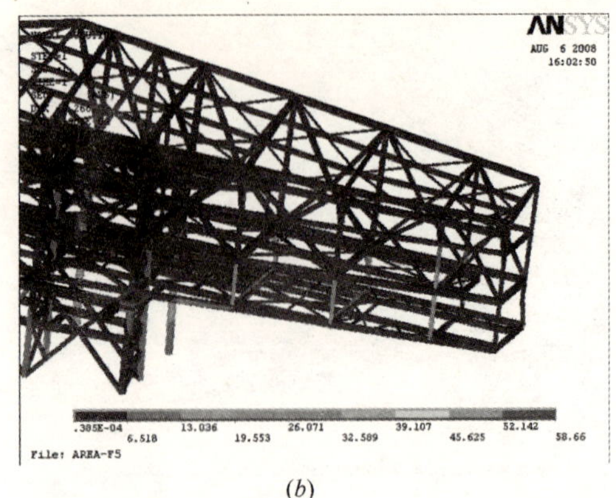

(*b*)

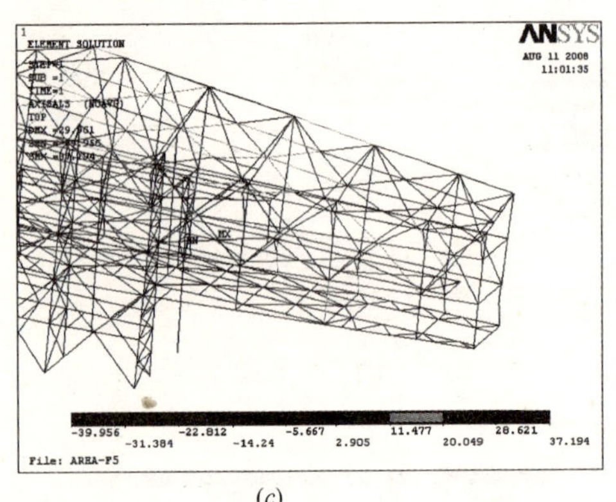

(*c*)

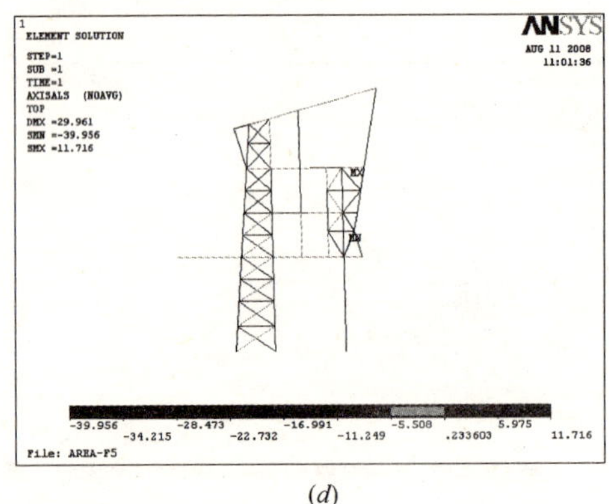

(*d*)

图 3.3.4-12　拆撑分析结果图

(*a*) STEP0 位移（U_Z，mm）；(*b*) STEP0 应力（Von Mises，MPa）；
(*c*) STEP0 轴向应力（MPa）；(*d*) STEP0 轴向应力（轴线Ⅱ-5 立面，MPa）

Z 向位移观测值与计算值对比（单位：mm）　　**表 3.3.4-4**

测点编号		初始值		拆撑完成	
		拆撑测试值	有限元分析值	拆撑测试值	有限元分析值
Z 向位移（U_z）	1	0	−1.6	−17	−27.7
	2	0	−1.1	−19	−27.5
	3	0	−0.7	−7	−17.3
	4	0	−0.7	−3	−9.6
	5	0	−0.5	−8	−16.9
	6	0	−0.5	−3	−8.9

轴向应力有限元计算值（单位：MPa）　　**表 3.3.4-5**

测点编号	STEP0	STEP1	STEP2	STEP3
3-1	0.2	−0.9	−0.1	−11.6
3-2	−9.7	−11	−15.1	−40.6
4-1	−3.8	−2.2	−9.4	−40.3

续表

测点编号	STEP0	STEP1	STEP2	STEP3
4-2	0.4	0.2	−2.8	−20
4-3	−1.3	1.2	−5.9	−23.6
5-1	2.2	6.5	4.6	19.4
5-2	−2.8	−2.8	−0.4	12
5-3	−1.2	−1.2	−2.6	−10.6

轴向应力测试值与计算值对比（单位：MPa）　　**表 3.3.4-6**

测点编号	初始值		拆撑完成	
	拆撑测试值	有限元分析值	拆撑测试值	有限元分析值
3-1	0	0.2	−13.3	−11.8
3-2	0	−9.7	−8.5	−30.9
4-1	0	−3.8	−22.9	−36.5
4-2	0	0.4	−22.7	−20.5
4-3	0	−1.3	−20.6	−22.3
5-1	0	2.2	18.7	17.2
5-2	0	−2.8	14.1	14.8
5-3	0	−1.2	−10.5	−9.4

（2）与水加载试验测试结果比较（表 3.3.4-7～表 3.3.4-10）

Z 向位移有限元计算值（单位：mm）　　**表 3.3.4-7**

测点编号		STEP0	STEP1	STEP2	STEP3	STEP4
Z 向位移（U_z）	1	−28.5	−32.9	−37.2	−41.5	−45.9
	2	−27.9	−31.9	−35.9	−39.9	−44.0
	3	−17.6	−20.5	−23.3	−26.2	−29.0
	4	−10.2	−11.9	−13.5	−15.2	−16.9
	5	−16.9	−19.6	−22.2	−24.8	−27.4
	6	−9.2	−10.6	−12.0	−13.5	−14.9

Z 向位移观测值与计算值对比（单位：mm）　　**表 3.3.4-8**

测点编号		初始值（拆撑完成）		加载完成	
		测试值	有限元分析值	测试值	有限元分析值
Z 向位移（U_z）	1	−17	−28.5	−31	−45.9
	2	−19	−27.9	−33	−44.0
	3	−7	−17.6	−15	−29.0
	4	−3	−10.2	−9	−16.9
	5	−8	−16.9	−18	−27.4
	6	−3	−9.2	−9	−14.9

轴向应力有限元计算值（单位：MPa）　　**表 3.3.4-9**

测点编号	STEP0	STEP1	STEP2	STEP3	STEP4
3-1	−11.4	−13	−14.7	−16.3	−18
3-2	−40	−45.4	−50.8	−56.2	−61.6
4-1	−39.7	−46.4	−53.1	−59.7	−66.4
4-2	−19.6	−22.7	−25.8	−28.8	−31.9
4-3	−23.3	−27.8	−32.3	−36.7	−41.2
5-1	18.7	22.6	26.5	30.4	34.4
5-2	11.7	13.7	15.7	17.7	19.7
5-3	−10.4	−12.1	−13.7	−15.3	−16.9

轴向应力测试值与计算值对比（单位：MPa）　　**表 3.3.4-10**

测点编号	初始值（拆撑完成）		加载完成	
	测试值	有限元分析值	测试值	有限元分析值
3-1	−13.3	−11.4	−27.3	−18.2
3-2	−8.5	−40	−19.1	−51.9
4-1	−22.9	−39.7	−67	−62.6
4-2	−22.7	−19.6	−36.1	−32.3
4-3	−20.6	−23.3	−38.3	−39.9
5-1	18.7	18.7	29.1	32.2
5-2	14.1	23.3	28.5	22.5
5-3	−10.5	−10.4	−19.9	−15.7

为了保证结构拆撑过程及使用过程的安全性，对 A 区办公楼龙头悬挑部分，即位于轴线Ⅱ-1～Ⅱ-5 之间的结构进行拆撑卸载监测及卸载后的楼面加载测试试验，并进行了补充对比分析。现场测试共分为拆撑卸载和楼面水加载两个阶段，监测分步拆撑过程及楼面荷载逐步增加至设计荷载时结构中应力应变及变形的变化过程。

通过检测结果及理论分析结果的对比，现场全站仪检测结果和有限元分析得到的变形结果相比普遍较小（表 3.3.4-7、表 3.3.4-8），拆撑过程最大差别达 1.07cm，加载过程最大差别达 1.49cm。分析其原因主要是由于有限元计算中采用杆系模型，本结构在部分节点尤其是悬臂根部的部分节点区域做了特殊的加强处理，杆件自身设置的加劲肋等构造措施也增加了结构的刚度，而整体结构的有限单元分析法中无法体现出节点刚域、构件加劲等构造措施对整体刚度的贡献，从而使得结构实际变形小于分析值。

应变片测得的杆件应力结果与有限元分析结果较为接近（表 3.3.4-6、表 3.3.4-10）。除 3-2 构件（数据异常，考虑为现场应变片失效）外，拆撑过程最大误差 13.6MPa，为材料强度的 4.4%，加载过程最大误差 9.1MPa，为材料强度的 2.9%。

3.3.5 结论

通过对大跨度悬挑钢结构的施工技术研究可以看出，悬挑结构采用临时支撑胎架辅助安装，安装时遵循由“根部向端部”，“阶梯延伸”安装原则，能满足高度较小，悬挑长度较长的钢结构安装，悬挑结构施工前，完成主体钢结构安装、焊接施工，主体结构的整体刚度是保障悬挑结构施工安全的关键因素之一。该大跨度悬挑空间结构的施工提出了系统的关键技术和相应的工艺措施，适用面广，具有良好的经济效益和社会效益，在同类结构施工领域中有推广应用价值。

3.4 超高层混凝土筒体结构 ——广州珠江新城西塔、深圳京基金融中心等

本章根据超高层混凝土筒体结构竖向施工变形累积的特点，提出了分别以结构核心筒竖向位移和框筒内外相对竖向变形为控制目标的超高层结构施工竖向预变形分析技术，给出了三个典型超高层的结构的施工标高预调参考值，为施工变形控制提供了理论支持。

通过对超高层结构施工过程中竖向变形分析及应对措施的研究，建立了考虑内外筒竖向变形差异影响的伸臂桁架安装技术，巨型柱压缩变形调整技术等。

3.4.1 工程概况

广州珠江新城西塔主塔楼位于珠江新城西南部核心金融商务区，总建筑面积 24.942 万平方米，主塔楼地下 5 层，地上 103 层，建筑高度达到 432m。该工程的主体结构主要包括钢筋混凝土核心筒、巨型钢管混凝土柱组成的巨型斜交网格外框架，以及转换桁架和内置钢骨混凝土楼板。位于周边的巨型钢管混凝土斜交网格外框架和中部钢筋混凝土核心筒是塔楼受力体系的核心部分。

京基·蔡屋围金融中心（京基金融中心）项目位于深圳罗湖金融、文化中心区，占地 4.7 万平方米，总建筑面积 38 万平方米。A 座塔楼，地下 4 层，地上 98 层，建筑高度达到 439m。该工程的主体结构主要包括钢筋混凝土核心筒（内含钢骨柱）、巨型钢管混凝土柱组成的巨型钢斜支撑框架，以及伸臂桁架及腰桁架和钢筋桁架混凝土楼板。位于周边的巨型钢斜支撑框架和中部钢筋混凝土核心筒（内含钢骨柱）是塔楼受力体系的核心部分。

超高层结构施工过程中竖向变形分析及应对措施的研究成果成功应用于北京银泰

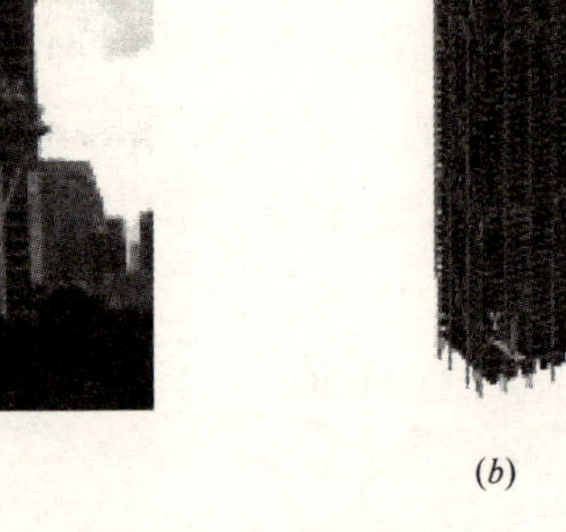

(a)　　(b)

图 3.4.1-1　施工中的京基金融中心

(a) 结构施工现场图片；(b) 施工仿真过程中模型

项目。

采用标准化施工仿真建模技术，建立了三个超高层结构的施工仿真模型，并对其按照施工过程进行了施工全过程仿真，如图 3.4.1-1 为京基金融中心施工过程及仿真过程中的图片，最终得到了结构的施工竖向变形响应规律。

3.4.2　核心筒竖向位移预变形分析

1. 广州新城西塔

图 3.4.2-1 为广州西塔核心筒竖向位移预变形分析结果，可以看出，通过本文方法，两次迭代之后，广州西塔施工结束阶段核心筒竖向位移即可满足设计标高要求。

2. 京基金融中心

图 3.4.2-2 为京基金融中心核心筒竖向位移预变形分析结果，可以看出，通过本文方法，两次迭代之后，京基金融中心施工结束阶段核心筒竖向位移即可满足设计标高要求。通过以上分析可知，基本上两次迭代之后，施工结束阶段核心筒竖向位移即可满足设计标高要求，预变形迭代效率较高。

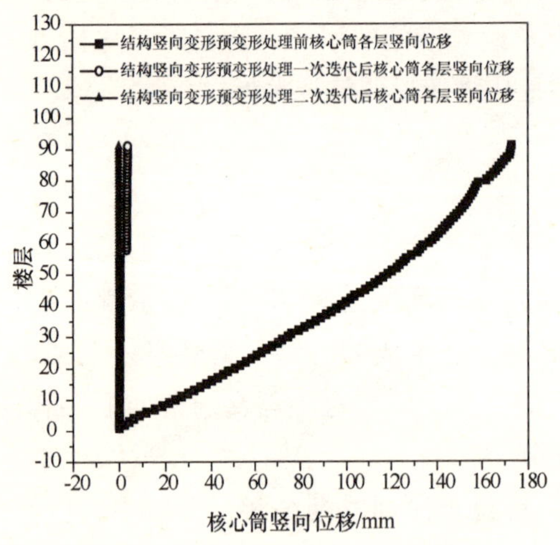

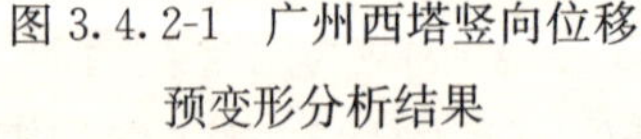

图 3.4.2-1　广州西塔竖向位移预变形分析结果

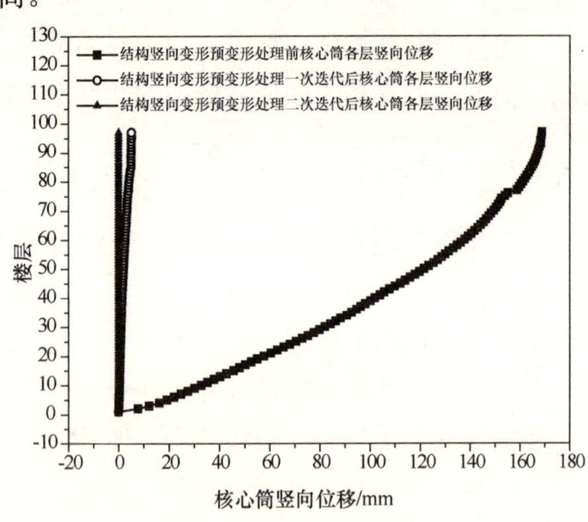

图 3.4.2-2　深圳京基中心竖向位移预变形分析结果

3.4.2.1　框筒内外相对变形分析

1. 广州新城西塔

图 3.4.2-3 为广州西塔框筒内外相对变形预变形分析结果，可以看出，通过本文方法，一次迭代之后，广州西塔施工结束阶段框筒内外相对变形即可满足设计标高要求。

2. 京基金融中心

图 3.4.2-4 为京基金融中心框筒内外相对变形预变形分析结果，可以看出，通过本文方法，一次迭代之后，京基金融中心施工结束阶段框筒内外相对变形即可满足设计标高要求。

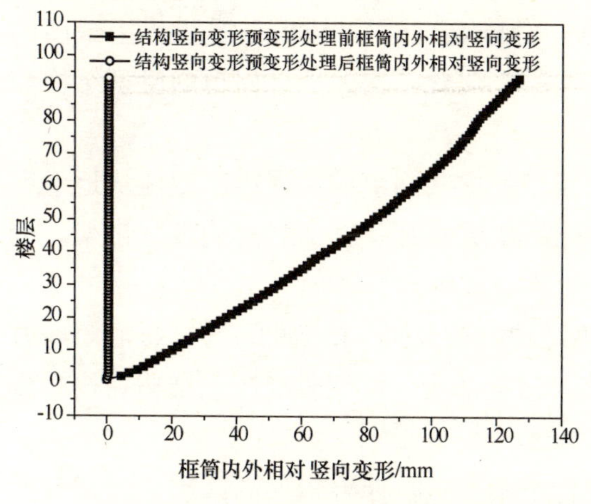

图 3.4.2-3 广州西塔框筒内外相对竖向变形预变形分析结果

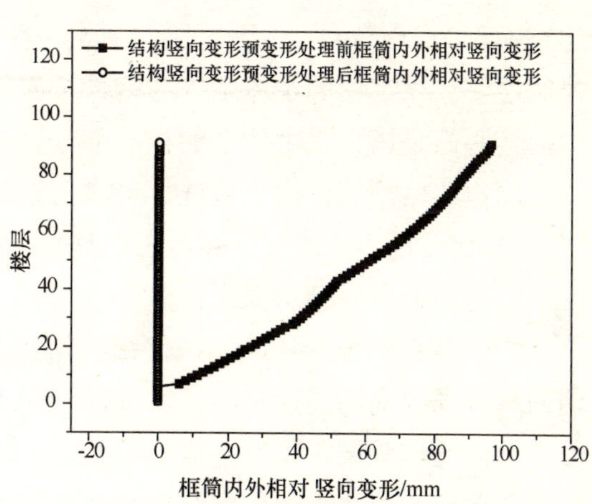

图 3.4.2-4 深圳京基中心框筒内外相对竖向变形预变形分析结果

通过以上分析可知，基本上一次迭代之后，施工结束阶段框筒内外相对变形即可满足设计标高要求，预变形迭代效率较高。

在以上分析的基础上，最终得到了结构的核心筒施工标高预调值和外框架施工标高预调值（图 3.4.2-5 和图 3.4.2-6）。因此基于阶段变形补偿法所建立的超高层结构预变形分析技术能够高效的解决该类结构中的竖向变形累积问题，可以得到结构施工过程中的各层标高预调值，可为结构施工变形控制提供理论支持。

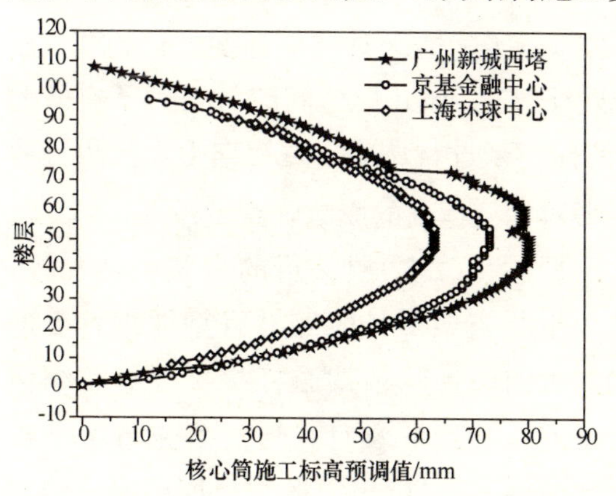

图 3.4.2-5 控制核心筒标高竖向位移预调值

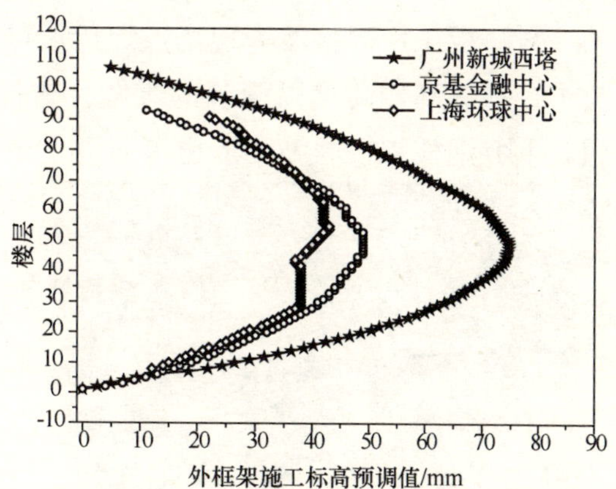

图 3.4.2-6 控制框筒内外相对竖向变形的外框架标高预调

3.4.2.2 超高层结构施工过程中竖向变形的应对措施

除了理论分析手段之外，在实际施工中应结合现场情况采取合适的变形控制措施和施工手段，以期达到控制结构成型精度，保证结构安全的目的。以上海环球为例，介绍一下目前施工中所采用的一些施工变形控制措施及技术手段。

上海环球金融中心位于上海陆家嘴金融贸易区 Z4-1 街区，占地面积 14400m^2，总建筑面积 381600m^2，地下 3 层，地上 101 层，建筑高度达到 492m，是世界上最高的建筑之一。该工程的主体结构为钢骨及钢筋混凝土混合结构。位于周边的巨型结构和中部核心筒是塔楼受力体系的核心部分。

周边的巨型结构由巨型柱、带状桁架和巨型斜撑共同组成。周边巨型柱从地下室 B3 层开始设置，从第 6 层起，巨型柱之间每隔 12 层设有一道 1 层高的带状桁架，带状桁架之间通过巨型斜撑连接。

中部核心筒 79 层以下主要为钢筋混凝土结构，在有伸臂桁架的部位，核心筒剪力墙内埋有 3 层高的周边桁架。79 层以上的核心筒全部为劲性钢骨混凝土结构，核心筒剪力墙内的钢骨架为型钢组成的桁架。

中部核心筒与周边巨型结构之间通过伸臂桁架连接，伸臂桁架高 3 层，分别布置在 28～31 层、52～55 层、88～91 层之间。

塔楼 91～101 层，为一个三维的框架结构。

1. 标高调整与焊接收缩处理

整体钢柱标高精准度的控制主要通过控制单节柱顶标高精度来实现。钢柱标高低于设计理论值调整方法为：在上下节钢柱对接耳板处采用螺栓和焊接固定耳板，在焊缝处加设垫板的方式，达到增大焊缝间隙以调节柱顶实际标高的目的。因此，衬垫板工厂焊接的常规做法必须改变，否则钢柱因焊接衬板与柱头隔板冲突，无法向下调节柱顶标高（图 3.4.2-7）。

衬垫板工厂焊接改为现场点焊后，可根据标高实际情况对衬板宽度进行调整，解决了柱顶标高偏高难以调节的难题；这样，钢柱对接 7mm 焊缝间隙就得到了有效利用，下节钢柱焊接收缩变形也可通过上节钢柱标高来进行调整，逐层向上，把焊缝收缩变形对钢柱标高的影响降到了最低。

图 3.4.2-7 巨型柱现场对接实况图

巨型柱和每 12 层一道的带状桁架相连，为防止带状桁架焊接收缩对巨型柱垂直度的影响，对四段带状桁架弦杆拼接焊缝收缩值进行了计算和经验预计，通过事先将巨型柱向反向预偏 15～20mm，收缩后回归原位的方法，把带状桁架弦杆焊接对巨型柱垂直度影响降到了最小。

2. 巨型柱压缩变形调整

对于由 48 段组成的巨型柱，每段柱长度受荷载后的压缩值 ΔZ，随着荷载的不断增加，下部已安装的各节压缩值也不断增加，475m 超长的钢柱及诸多的不确定因素，加上调整后牵涉到的上百层梁面标高问题，决定了通过制作长度的预先加长来精确控制压缩值的难度。现场采取的办法是：过程中严格按照设计理论值进行标高控制，确保楼层层高净空间距；通过保证使用功能不受影响，从而保证整体建筑标高的精准。

3. 伸臂桁架安装

伸臂桁架高三层，分别分布在 28 层～31 层、52 层～55 层、88 层～91 层四角位置。采用常规桁架安装工艺，先安装核心筒与巨型柱间伸臂桁架下弦，再加设临时钢管支撑安装三层高斜腹杆，最后安装桁架顶部连接核心筒和外围巨型柱的上弦，待当层结构体系形成，并精确调校后，对上下弦进行永久焊接固定。伸臂桁架斜腹杆与下部铸钢节点、上部巨型柱连接处，设计中规定该弦杆为内外筒不均匀沉降应力释放处，该节点施工过程中采用巨型可靠连接板进行临时连接，高强螺栓孔长圆孔、螺栓初拧连接固定，设计要求该节点须待内外筒沉降差异基本稳定后，方可进行最终永久焊接连接；若结构施工过程发生强有力台风、地震等毁灭性恶劣状况，须在来临前立即对该节点大量螺栓群进行终拧，通过此来抵抗巨大的不利环境影响。

结构通过辅助加强楼板对桁架的上下弦杆都进行了加强。伸臂桁架体系把巨型柱与核心筒联合起来，从而降低服务核心筒的倾覆力矩。伸臂桁架体系亦可显著减低建筑物整体变形中的弯曲部分。另外，伸臂桁架可减少由地震及风载产生的直接位与核心筒以下桩基的荷重。施工时，由于核心筒的施工会先于巨型结构，须认真对待核心筒与巨型结构之间潜在的不同压缩变形差异。为减少压缩变形差异产生的附加应力，伸臂桁架在 90 层混凝土施工完成后，并核心筒和巨型结构的沉降差异趋于稳定后再进行连接，以确保重力荷载在伸臂桁架中的传递将被减至最小。

TOT 钢结构安装至 93 层，混凝土结构施工至 91 层，观测发现内外筒不均匀沉降值最大 5.17mm，不均匀沉降基本趋于稳定，又结构荷载在 93 层以上均匀施加。在经设计许可情况下，对伸臂桁架进行了释放，释放从 28 层开始逐层向上推进，每层桁架接头位置统一同时进行释放，释放时使用扳手，将螺栓按从中间向四周扩散顺序，将螺栓向反方向旋转 90±30°，同时释放前后反复对比相关焊接间隙、错边、错口情况，释放前后最大焊缝间隙变化 20mm、错边 15mm、错口 13mm，完全与设计前期预计相吻合，得到设计许可后，立即对伸臂桁架上下大型螺栓节点进行永久焊接连接（图 3.4.2-8～图 3.4.2-10）。

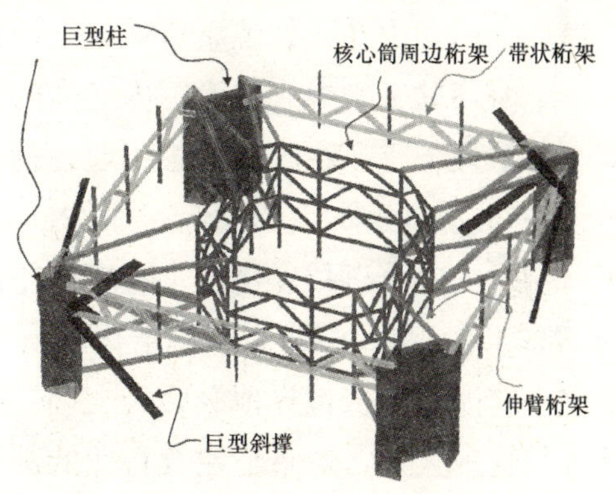

图 3.4.2-8　伸臂桁架空间位置示意图

图 3.4.2-9 伸臂桁架安装临时支撑设置

图 3.4.2-10 伸臂桁架临时连接节点

4. 核心筒环状桁架

因核心筒施工远远领先于外筒钢框架施工，核心筒环状桁架安装先于伸臂桁架安装，环状桁架通过铸钢节点加焊 500mm 伸臂桁架同类钢材牛腿形成过渡段，故环状桁架安装精度，特别是铸钢牛腿安装精度，直接关系到外围伸臂桁架安装精度。环状桁架外伸铸钢牛腿＋普通钢材牛腿与桁架柱形成巨大的偏心结构杆件，核心筒内安装、埋设采取了在混凝土核心筒内设置刚性格构支撑，对于封闭的环状桁架安装、校正，充分考虑核心筒墙体周边无任何可利用固定设施、操作空间狭小、作业环境恶劣的影响及钢丝绳无处拉的限制，对三层高的环状桁架采取了层层安装、层层校正＋整体校正、最后整体焊接的施工工艺，局部精确调校使用现量测、现切割、现制作的规格多样斜铁、垫片，配合千斤顶、捯链进行局部调校，以局部精确促使整体精准。考虑运输、制作因素，伸臂桁架铸钢牛腿与环状自身连接精准不能同时确保精确的情况，优先满足铸钢牛腿精准位置，以保证外围桁架准确安装为第一原则，将误差等不良状况消化在外包混凝土的环状桁架上，对接处误差等充分利用焊接 1∶4 补强做法，确保核心筒环状桁架内在、外观质量满足设计预期要求（图 3.4.2-11～图 3.4.2-12）。

上海环球金融中心作为国内最高的建筑，施工技术难度大、工期紧、质量要求高、安全防护任务重。在施工过程中通过精心组织施工、采取技术攻关措施、积极引进先进设备和施工技术，在 916 天时间内，顺利完成了主楼钢结构的施工，并且施工过程无一例重大安全事故、建筑垂直度偏差仅 32.8mm、170 万延长米焊缝一次探伤合格率为 98.60%。将我国超高层钢结构的安装技术推向了一个新的高度，证明中国施工企业完全有能力建造世界顶级摩天大楼。同时，为企业培养了一批超高层钢结构施工的技术与管理人才，对整个建筑行业的进步起到了积极的促进作用。这一举世瞩目的标志性建筑，为上海和世界人民增添了一道壮丽的人文景观，谱写了我国建筑业的新高度。

上海环球金融中心于2008年5月31日正式完工，次日投入使用，实现了交钥匙工期的目标。6月1日，上海环球金融中心正式获得世界高层建筑与城市住宅委员会的认证：建筑顶层顶板高度（487m）和最高楼使用楼层高度（474m）两项世界纪录。并于2008年11月20日被国际知名建筑研究机构“高层建筑和城市住宅委员会”评为2008年度竣工的最佳高层建筑。

图3.4.2-11　环状桁架铸钢牛腿

图3.4.2-12　铸钢节点牛腿支撑

3.4.3　结论

（1）以广州西塔、深圳京基中心和上海环球三个典型超高层结构为分析对象，对结构施工过程中的竖向变形累积规律进行了系统的研究，获得了该类结构施工过程中的变形累积规律，并通过对比方案分析，得到了混凝土徐变和施工找平的影响程度，获得了不同工况下的结构变形累积规律，主要有以下几点结论：

1）真实施工过程中结构考虑施工找平的影响，其结构各层竖向位移和框筒内外相对变形呈现出中间大，两端小的规律，其最大竖向位移约为60～80mm之间，最大框筒内外相对变形基本在15～18mm之间。

2）传统一次性加载计算所得的结构竖向位移与考虑徐变的施工模拟结果相差很大，徐变变形在该类超高层结构竖向变形中占有很大的比例，施工结束时刻，徐变所引起的结构竖向变形约占竖向总变形的50%左右，不容忽视。且一次性加载也无法得到施工各阶段的结构变形情况，无法预测最大相对变形发生的施工阶段，无法很好的对施工过程加以指导。

3）考虑施工找平与未考虑施工找平的结构竖向位移规律相差较大，未考虑找平影响结构最大竖向位移发生在结构顶层。而实际施工过程中多对结构进行设计标高找平，其最大竖向位移多发生在结构的中间部位。

（2）根据超高层结构施工竖向变形累积的特点，得到了以结构核心筒竖向位移和框筒内外相对竖向变形为控制目标的超高层结构施工竖向预变形分析技术，得到了三个典型超高层的结构的施工标高预调参考值，为施工变形控制提供了理论支持。

（3）节约工期

施工过程中通过采取多项措施，以加快施工进度，提高施工效率。在与设计沟通的前提下对部分节点进行修改，既方便了施工，又满足了设计要求，提高了施工效率。

（4）品牌效益

工程项目在施工过程中，数十次接待公司潜在业主参观考察，通过项目的示范作用，提高了工程中标率。2006、2007 年，公司合同签约额大幅攀升，间接产生的经济效益达 4000 万元。截至 2007 年 10 月，各项技术的综合应用，为企业创造的经济效益达到 5500 万元。

4 结 束 语

文中系统地分析了建筑结构施工预变形控制技术中的理论难题和工程应用中的难题，为现代建筑设计与施工提供了很好的技术支撑和保障措施。

现代建筑设计与施工是建设新型和谐社会，建设现代社会人民生活和生产的实际需要，是提升现代建筑的使用功能，改善室内外环境，消除安全隐患，提高安全性的需要，是最大限度地节约资源、保护环境、减少污染的需要。

近年来随着时代的发展，象征国民经济实力的建筑业发展迅速，建筑师对建筑形式的要求越来越复杂，建筑造型的新奇和复杂化，结构体系也更加复杂多样，刚性与柔性构件组合的钢结构、空间预应力结构、悬挂与斜拉结构、多种体系组合形成的复杂结构已得到广泛应用。通过本文的研究，基于有限元分析软件分析平台，对结构及其构件进行预变形分析，以此确定结构的加工预调值或安装预调值，总结结构的预变形规律，在此基础上，提出工程建议。

对于钢结构建筑，若按照设计位形进行构件加工，设计位形作为结构安装的初始位形，竣工时结构的位形与设计位形存在一定的偏差，可能导致建筑造型不满足建筑美学上的要求，也可能导致建筑在正常使用中不满足建筑适用性的要求，甚至可能由于施工过程中的结构产生过大变形而导致主体结构或次结构和围护结构安装困难或无法安装、或电梯等辅助设施无法安装或即使安装成功也无法正常运行或使用。对于大型复杂钢结构建筑，该问题尤其突出，如CCTV新台址主楼。在这些工程的建设过程中，设计中往往要求竣工状态下结构的位形与设计位形吻合，这就要求在施工过程中须对结构的位形进行控制。控制措施主要是通过对结构设置变形预调值，来补偿施工过程中结构的变形，从而达到控制位形的目的。

通过预变形分析技术可以在构件进场前进行预加工处理，主要工作在工厂里完成，避免了现场安装调整所带来的经济损失，降低了结构的施工成本，同时结构经过预变形处理后，成型后的结构形状与设计更加合理，避免了大变形所带来的结构内力二次分配造成的局部应力集中，增加了杆件的安全冗余度，降低了结构材料成本，也降低了结构的施工风险，带来了较大的经济效益。

通过对超高层结构施工变形的研究，分析了施工后期的变形累积作用，由于超高层结构的竖向变形造成了框筒内外相对竖向变形差值，随着建筑结构高度的增加，这种现象会更加突出，对超高层结构采取预变形分析技术研究，形成成套的超高层结构施工预变形技术，提出与施工和设计阶段相应的技术措施，能够有效地减小结构体系的变形水平，从根本上解决该类结构的竖向变形累积问题。通过对超高层结构施工过程中竖向变形分析及应对措施的研究，形成了内外筒竖向变形差异影响的伸臂桁架安装技术，巨型柱压缩变形调整技术等。

参 考 文 献

1. 李久林等，国家体育场钢结构施工关键技术，施工技术，2006，Vol. 35(12)：14-19.
2. 王宏等，中央电视台新台址 CCTV 主楼钢结构施工技术，施工技术，2006，Vol. 35(12)：54-58.
3. 曹志远近代重大工程分析中的关键力学问题研究力学与工程，上海，上海交通大学出版社.
4. 曹志远，邹贵平施工力学分析的时变力学基础现代力学与科技进步，北京，清华大学出版社.
5. 郭彦林等．国家体育场钢结构屋盖落架过程模拟分析，施工技术，2006，Vol. 35(12)：36-40.
6. 郭彦林，邓科等．广州新白云国际机场维修机库钢屋盖整体提升技术，工业建筑，2004，Vol. 34 (12)：6-11.
7. 张晓燕，郭彦林等．深圳会展中心钢结构屋盖起拱方案及施工技术，工业建筑，2004，Vol. 34(12)：15-18.
8. 郭彦林，董全利．倾斜高层建筑施工关键问题及实施，施工技术，2006，Vol. 35(12)：6-9.
9. 唐兴国，钟铁毅．北京电视中心高层钢结构施工模拟分析，北京交通大学学报 Vol. 30 (1)：59-62.
10. 徐自国等．陕西法门寺合十舍利塔的施工过程模拟及施工预变形分析施工技术，2008 年增刊第 1 期 P. 410-413.
11. 陈晓明等．特殊高耸钢结构施工预变形研究-广州新电视塔钢结构安装施工技术，建筑施工 Vol. 29 (10)：779-786.
12. ANSYS 软件帮助文件.
13. 北京金土木软件技术有限公司等编著．SAP2000 中文版使用指南．北京：人民交通出版社，2006.
14. 周履，陈永春著．收缩徐变，北京：中国铁道出版社，1997.
15. 刘兴法著．混凝土结构的温度应力分析．北京：人民交通出版社，1991.
16. 王铁梦著．工程结构裂缝控制．北京：中国建筑工业出版社，1997.
17. T. A. Wyatt. Design Guide on the Vibration of Floors [R]. London: The Steel Construction Institute，1989.
18. Allen，D. E.，Murray，T. M. Design Criterion for vibrations due to walking [J]. Engineering Journal，1993 (30)：117～129.
19. Ashkenazi V.，and Roberts G. W..[M]，Experimental monitoring othe Humber bridge using GPS，Proc.，Instn. of Civ. Engrs，1997，120：178～182.
20. 刘枫，刘军进等．中国航海博物馆中央帆体单层双曲索网张拉施工模拟分析．第十二届空间结构学术会议论文集．2008 年 11 月.
21. 赵西安．世界最高建筑迪拜哈利法塔结构设计和施工．建筑技术．2010. 7. vol. 41 No. 7.
22. 潘庆林．高层建筑内控法竖向投测的精度研究．工程勘察．2001. 3.
23. 崔晓强．大型钢结构施工方法和施工力学研究．同济大学博士后学位论文，2004.
24. 陈福生，邱国华等．高层建筑钢结构设计(第二板)．中国建筑工业出版社，2004. 7.
25. 李国强等．强震下钢框架焊接连接的断裂行为．建筑结构学报，1998. 8.

26. 陈绍蕃．钢结构设计原理，第二版．科学出版社，2003.
27. 李国强．多高层建筑钢结构设计．北京：建筑工业出版社，2004.
28. 张希黔，张利．我国高层建筑钢结构施工现状述评[J]. 施工技术，2000，29(8)：4-6.
29. 叶可明，范庆国．上海金茂大厦施工技术[J]. 施工技术，1999，28(1)：52-55.
30. 戴立先，陆建新，刘家华．上海环球金融中心钢结构施工技术[J]. 施工技术，2006，35(12)：71-73.
31. Artern Aleshin. Risk management of international projects in Russia[J]. International Journal of Project Management，2001，19：207-222.
32. 杜拱辰．现代预应力混凝土结构[M]. 北京：中国建筑工业出版社，1988.
33. 范峰、陈晓培等．营口市奥体中心体育馆屋盖结构优化选型，哈尔滨工业大学学报，2008. 40(12).
34. 范峰、支旭东等．哈尔滨国际会议展览体育中心主馆屋盖钢结构设计．建筑结构，2008. 38(2).
35. 范峰、王化杰等．上海环球金融中心施工竖向变形分析．建筑结构学报．2010，31(7).
36. 王化杰、范峰等．巨型网格弦支穹顶预应力施工模拟分析与断索研究，建筑结构学报，2010. 增刊1.
37. 陆建新、支旭东等．京基金融中心钢结构施工监测技术．施工技术，2010，39(8).
38. 钢结构案例统计分析．钢结构，2008，23(108)：28-31.
39. 广州歌剧院铸钢节点试验研究．中国建筑金属结构，2009，38(12).
40. 白云机场预应力钢结构张拉索力损失分析．施工技术，2010，39(02).
41. 武汉火车站多管相贯节点试验研究．施工技术，2010，39(07).
42. 武汉火车站中央站房大型滑移胎架设计．施工技术，2010，39(07).
43. 大跨度张弦网架结构关键施工技术[J]. 施工技术，2010，39(07).
44. CCTV主楼大悬臂合龙连接节点的设计与施工．钢结构施工，2009年增刊.
45. 深圳京基金融中心钢结构施工监测系统搭建关键技术．施工技术，2010. 39(8).
46. 袁国干．配筋混凝土结构设计原理[M]. 上海：同济大学出版社，1995.
47. 丁大钧．混凝土结构学[M]. 北京：中国铁道出版社，1991.
48. Heckerman D. Bayesian Networks for Data Mining[J]. Data Mining and Knowledge Discovery. 1997，1(1)：79-119.
49. 周起敬，姜维山，潘泰华．钢—混凝土组合结构设计施工手册．第2版．北京：中国建筑工业出版社，1994.
50. Lally Handbook of Lally Column Construction（Steel Column-Concrete Filled）Tenth Edition. New York：Lally Column Companies，1926：85.
51. 蔡绍怀．现代钢管混凝土结构．修订版．北京：人民交通出版社，2007.
52. R. P. Johnson. Composite Structures of Steel and Concrete，vol. 1，Beams，Columns，Frames and Applications in building，London：Crosby Lockwood Staples，1975.
53. 韩林海．钢管混凝土结构．北京：科学出版社，2000.
54. 过镇海，时旭冬．钢筋混凝土原理和分析．北京：清华大学出版社，2003.
55. 池田尚治，李先瑞，耿花荣. 钢-混凝土组合结构设计手册[S]. 第1版．北京：地震出版社，1992.
56. 日本建筑学会．钢骨钢筋混凝土结构计算标准及解说[M]. 冯乃谦，叶列平，译．北京：能源出版社，1998.
57. 过镇海．钢筋混凝土原理．北京：清华大学出版社，1999.
58. 江见鲸等编. 混凝土力学(M). 北京：中国铁道出版社，1984.

59. 杨勇．型钢混凝土粘结滑移基本理论及应用研究[D]，西安建筑科技大学，2003.
60. 赵鸿铁著．钢与混凝土组合结构(M)．北京：科学出版社，2001.
61. 吕西林等．上海环球金融中心大厦结构模型振动台抗震试验．地震工程与工程振动，2004，3(23).
62. 孙慧中，沈文都，施昌．劲性混凝土结构体系研究(综合报告)．中国建筑科学研究院结构所，1990.
63. 高华杰．支托型半刚性组合节点的试验研究：[硕士学位论文]．南京：南京工业大学，2002.
64. Tauqir M. Sheikh，Gregory G. Deierlein. Beam-Column moment Connections for Composite Frames. Journal of Structural Engineering. November. 1989.（11）：2858-2896.
65. Gregory G. Deierlein，Hiroshi Noguchi. Overview of U. S. -Japan research on seismic design of composite reinforced concrete and steel moment frame. Journal of Structural Engineering. 130（2）：361-367. 2004.
66. Hiroshi Kuramoto and Isao Nishiyama. Seismic performance and stress transferring mechanism of through-column-type joints for composite reinforced concrete and steel frames. Journal of Structural Engineering，2004，130（2）：352-360.
67. 唐九如，陈雪红．劲性混凝土梁柱节点受力性能与抗剪强度．建筑结构学报，1990，11（4）：28-36.
68. 徐亚丰．钢骨高强混凝土框架节点抗震性能研究：[博士学位论文]．沈阳：东北大学，2003.
69. EUROCODE No. 4，common Unified Rules for Composite Steel and Concrete Structures，Commission of European Communities，1985.
70. 唐氓，蔡健．新型钢管混凝土板柱节点偏压性能的 ANSYS 分析，广东土木与建筑，2005，(1)：6-8.
71. 王连广，刘之洋．型钢混凝土结构在国内外应用和研究的进展，东北大学学报(自然科学版)，1995(6)：238-242.
72. 梁剑．新型钢管混凝土柱-RC 梁楼层间钢管非连通型节点轴压性能基础研究：[硕士学位论文]．广州：华南理工大学，2003.
73. 朱伯龙，董振祥．钢筋混凝土非线性分析．上海：同济大学出版社，2005.
74. CCTV 主楼双塔间大悬臂施工过程专项监测．建筑科学，2009，Vol，25(11)：82-85.
75. 中华人民共和国行业标准．型钢混凝土组合结构技术规程 JGJ 138—2001. 北京：中国建筑工业出版社，2001.
76. 中华人民共和国国家标准．混凝土结构设计规范 GB 50010—2002. 北京：中国建筑工业出版社，2002.
77. 中华人民共和国国家标准．钢结构设计规范 GB 50017—2003. 北京：中国建筑工业出版社，2003.
78. 中华人民共和国行业标准．钢管混凝土结构设计与施工规程 CECS 28—90. 北京：中国建筑工业出版社，1990.